もくじ 数と計算５年

小数のかけ算・わり算の筆算

小数のかけ算

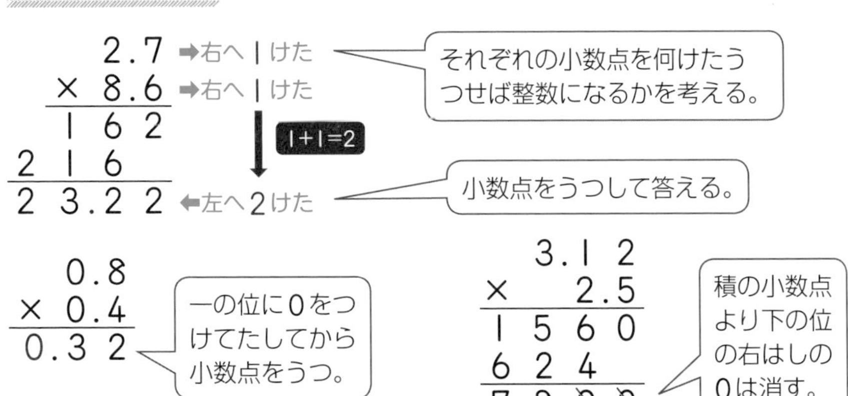

小数のわり算

```
       1.8   ← 商の小数点はわられる数の
2.6)46.8       うつした小数点にそろえてうつ。
    26
    208
    208
      0
```

わる数の小数点をうつして、整数になおす。

わられる数の小数点も、わる数と同じだけ右にうつす。

●あまりを求めるとき

```
      5
0.9)4.8
    45
    0.3
```

あまりはわられる数のもとの小数点にそろえてうつ。

●上から2けたのがい数で求めるとき

```
        9
      3.86  ← 商の上から3けた目の数を四捨五入する。
1.5)5.8
    45
    130
    120
     100
      90
      10
```

月　　日

1 整数と小数
整数と小数

／100点

1 □にあてはまる数を書きましょう。　1つ12〔36点〕

❶ 2.975 は、1 を□個、0.1 を□個、0.01 を□個、0.001 を□個あわせた数です。

❷ 2.975 の小数第三位の数字は□です。

❸ 2.975 は、0.001 を□個集めた数です。

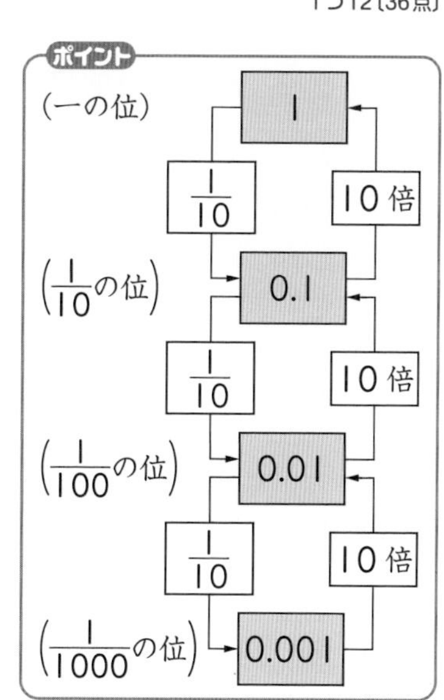

2 8.6 を 10 倍、100 倍、$\frac{1}{10}$、$\frac{1}{100}$ にした数を、下の表に書きましょう。　1つ16〔64点〕

答えは
65ページ

月　　日

1 整数と小数
整数と小数

／100点

1 □にあてはまる数を書きましょう。　1つ10〔20点〕

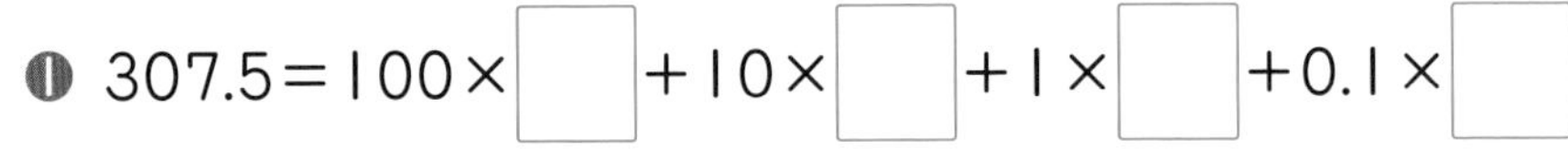

❶ $307.5 = 100 \times \square + 10 \times \square + 1 \times \square + 0.1 \times \square$

❷ $8.946 = \square \times 8 + \square \times 9 + \square \times 4 + \square \times 6$

2 次の数を小さい順に左から書きましょう。　〔10点〕

0.07　0　0.2　0.072　0.02　0.7　0.027

（　　　　　　　　　　　　　　　　　）

3 25.16 を、10 倍、100 倍、$\frac{1}{10}$、$\frac{1}{100}$ にした数を求めましょう。　1つ5〔20点〕

❶ 10 倍　（　　　　）　❷ 100 倍　（　　　　）

❸ $\frac{1}{10}$　（　　　　）　❹ $\frac{1}{100}$　（　　　　）

4 次の数は、4.76 を何倍または何分の一にした数ですか。　1つ10〔20点〕

❶ 476　（　　　　）　❷ 0.476　（　　　　）

5 計算をしましょう。　1つ5〔30点〕

❶ 0.48×10　❷ 6.12×100　❸ 93.4×1000

❹ $0.85 \div 10$　❺ $4.73 \div 100$　❻ $179.6 \div 1000$

答えは
65ページ

月　　日

2 体　積
直方体・立方体の体積

／100点

1 |辺が|cmの立方体の積み木を使い、下のような直方体を作りました。　1つ10〔20点〕

|cm　|cm　|cm

❶ 使った積み木の数はぜんぶで何個ですか。

(　　　　)

❷ 直方体の体積は何cm^3ですか。

(　　　　)

2 下の直方体や立方体の体積を求めましょう。　1つ20〔40点〕

❶

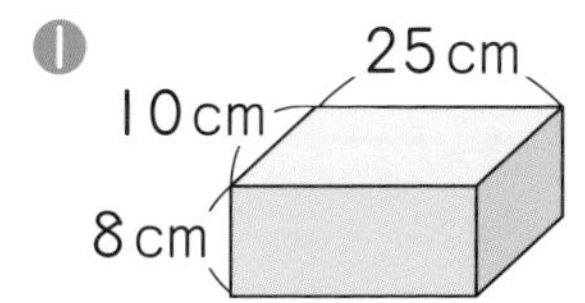

❷

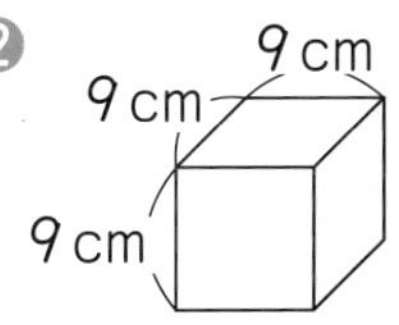

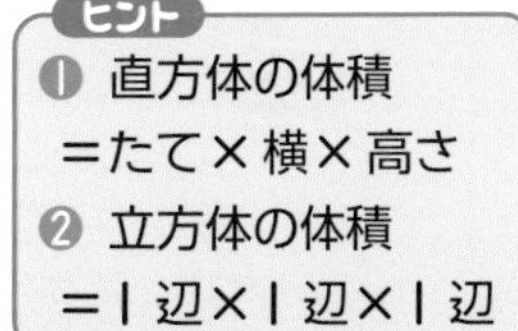

(　　　　)　(　　　　)

3 下のような立体の体積を求めましょう。　1つ20〔40点〕

❶

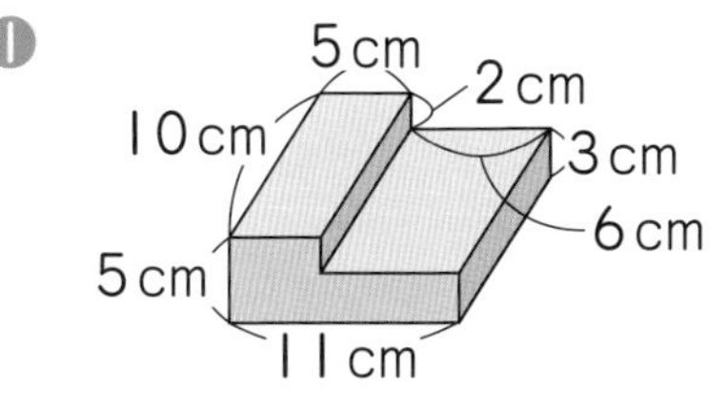

❷

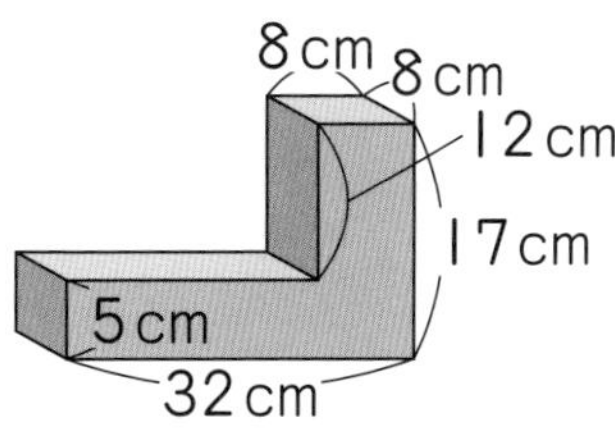

(　　　　)　(　　　　)

答えは
65ページ

月　　日

2 体 積
直方体・立方体の体積

／100点

1 下の直方体や立方体の体積を求めましょう。 1つ10〔40点〕

❶
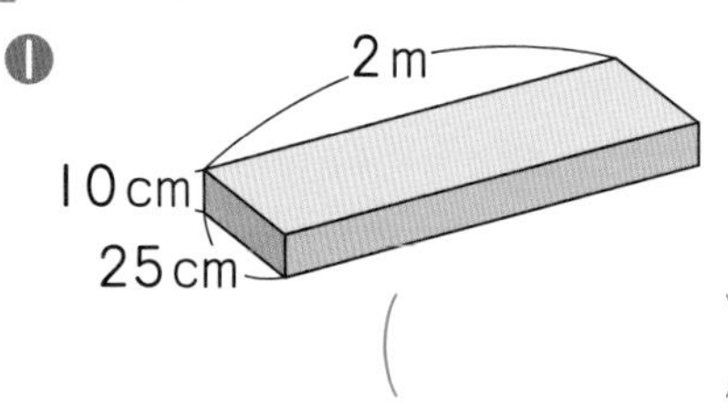

(　　　　)

❷
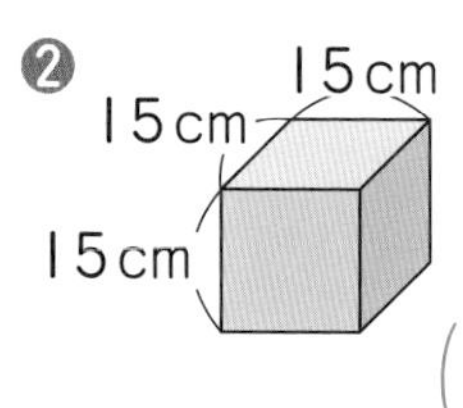

(　　　　)

❸ 1辺が16cmの立方体 (　　　　)

❹ たて75cm、横1.2m、高さ60cmの直方体 (　　　　)

2 下のような立体の体積を求めましょう。 1つ15〔45点〕

❶
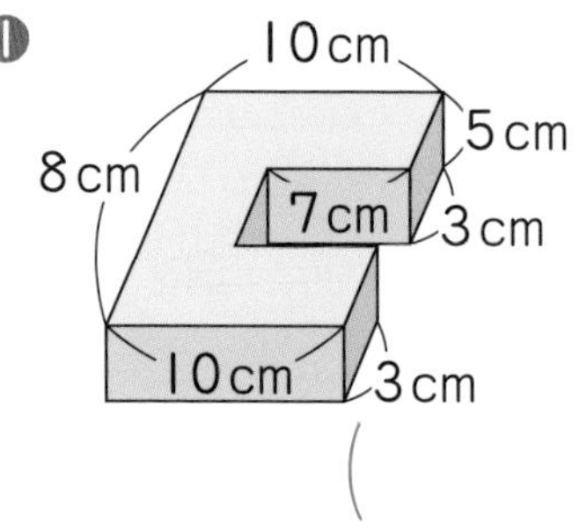

(　　　　)

❷
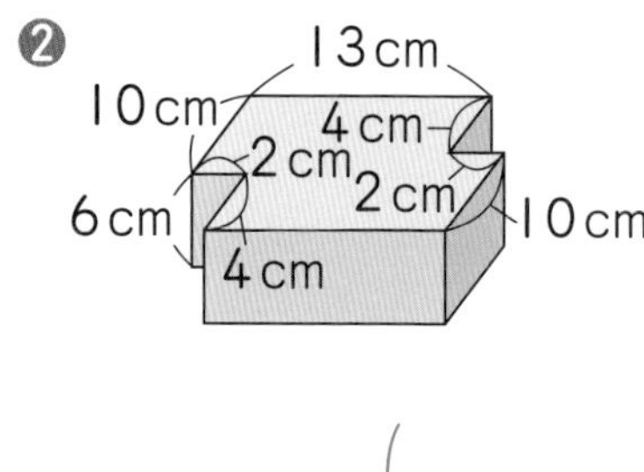

(　　　　)

❸
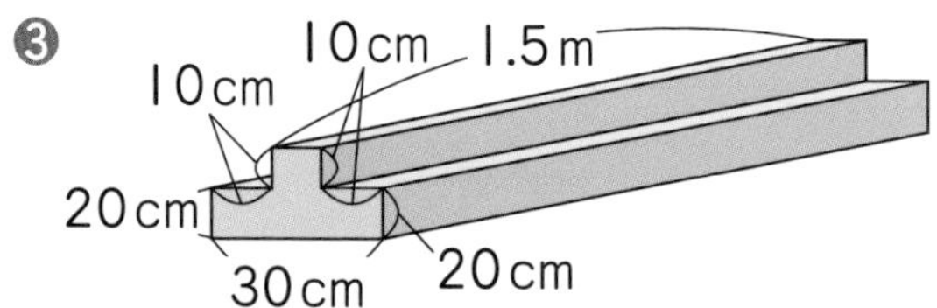

(　　　　)

3 体積が120cm³で、たてが3cm、横が5cmの直方体の高さは何cmですか。 〔15点〕

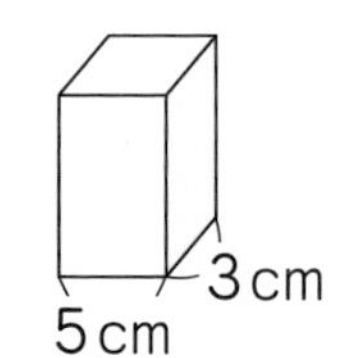

(　　　　)

答えは
65ページ

月　　日

2 体　積
直方体・立方体の体積と容積

／100点

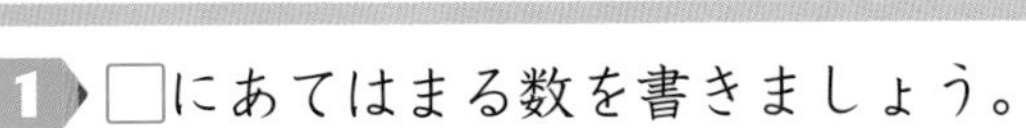

1 □にあてはまる数を書きましょう。　1つ10〔20点〕

❶ 内側のたて、横、深さがどれも10cmのますに入る水の体積は、

□ cm^3 で、□ Lと同じです。

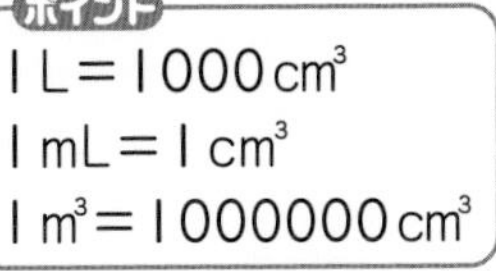

❷ 1mLは、1Lの $\frac{1}{\square}$ で、□ cm^3 です。

2 次の直方体や立方体の体積を求めましょう。　1つ10〔20点〕

❶ たて2m、横6m、高さ3mの直方体　（　　　　）

❷ 1辺が4mの立方体　（　　　　）

3 次の直方体の入れ物や水そうの容積（ようせき）を〔　　〕の中の単位で求めましょう。　1つ15〔60点〕

❶ 〔cm^3〕

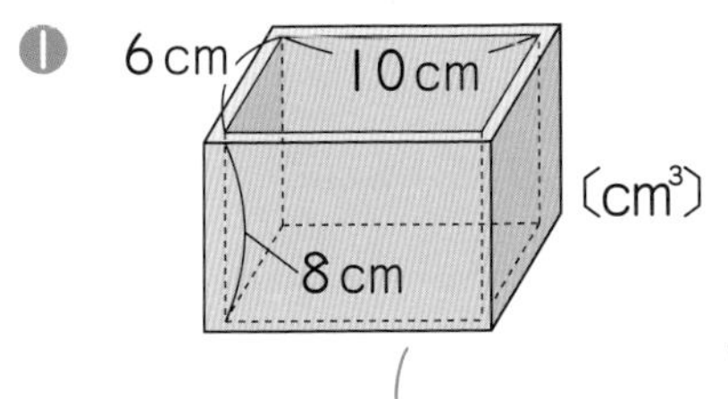

（　　　　）

❷ 内側がたて25cm、横60cm、深さ30cmの水そう〔L〕

（　　　　）

❸ 内側がたて3.5m、横6m、深さ4mの水そう〔m^3〕

（　　　　）

❹ 内側がたて1.6m、横3m、深さ5mの水そう〔L〕

（　　　　）

答えは65ページ

月　　日

2 体　積
直方体・立方体の体積と容積

／100点

1 □にあてはまる数を書きましょう。　1つ8〔40点〕

❶ 7L＝□cm^3　　❷ 3600cm^3＝□L

❸ 0.4m^3＝□L　　❹ 2300L＝□m^3

❺ 9dL＝□cm^3

2 次の立体の体積を〔　〕の中の単位で求めましょう。　1つ10〔30点〕

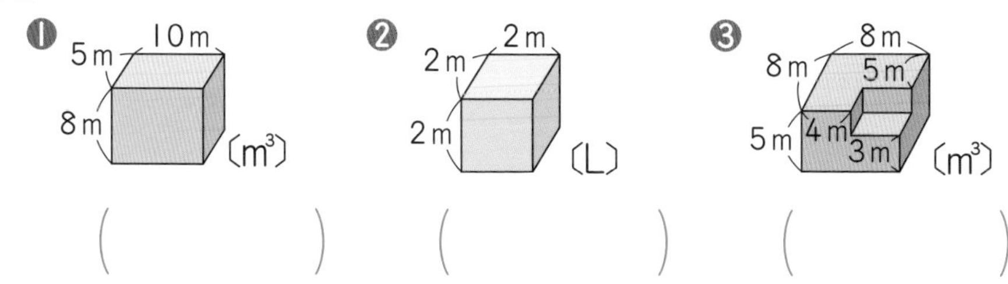

（　　）　（　　）　（　　）

3 次の直方体の入れ物の容積（ようせき）や水そうの水の体積を〔　〕の中の単位で求めましょう。　1つ10〔30点〕

❶ 内側がたて18cm、横20cm、深さ70cmの入れ物　〔dL〕

（　　）

❷ 厚さ（あつ）1cmの板で作った入れ物　〔cm^3〕

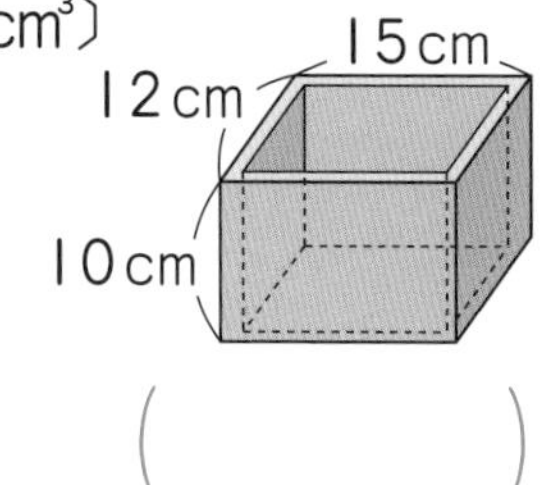

（　　）

❸ 深さ2mまで入っている水の体積　〔L〕

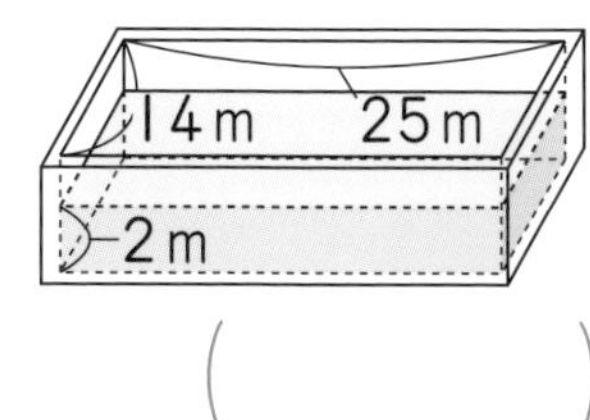

（　　）

答えは
65ページ

月　日

3 比例
比例

／100点

1 次の表で、○は□に比例(ひれい)しています。あいているところにあてはまる数を書きましょう。　1つ5〔35点〕

❶

個数(こすう)□(個)	1	2	3	4	5
重さ○(g)	2		6		

❷

かさ□(L)	1	2		7	
深さ○(cm)		6	12		30

ポイント
★個数□が2倍、3倍、…になると、重さ○も2倍、3倍、…になるとき、重さ○は個数□に**比例**するといいます。
❶ □×2=○

2 下の表は、直方体の形をした水そうに水道から水を入れるときの、水を入れる時間□分と、そのときにたまる水の深さ○cmの関係を表したものです。　1つ13〔65点〕

❶ 表のあいているところにあてはまる数を書きましょう。

時間　□(分)	1	2	3	4	5
水の深さ○(cm)	6	12		24	

❷ 水の深さ○は水を入れる時間□に比例するといえますか。

(　　　　)

❸ 水の深さ○を、水を入れる時間□でわると、どんな数になりますか。

(　　　　)

❹ 水を入れる時間□と水の深さ○の関係を式に表しましょう。

(　　　　)

答えは65ページ

月　日

3 比例
比例

／100点

1 下の表で、○は□に比例（ひれい）しています。あいているところにあてはまる数を書きましょう。　1つ8〔56点〕

❶

□(分)	2	4	5	8	
○(km)	3		7.5		18

❷

□(cm)	2	4		10	
○(g)		50	75		200

2 □にあてはまる数を書きましょう。　1つ8〔24点〕

❶ 1mが17gのはり金を255g切り取ると、長さは□mになります。

❷ 5cm²が1gの板を28cm²切り取ると、重さは□gになります。

❸ 16gが100円のお茶を400g買ったとき、代金は□円です。

3 次の2つの量で、○は□に比例しています。□と○の関係を式に表しましょう。　1つ10〔20点〕

❶ 正方形の1辺の長さ□cmと、まわりの長さ○cm。

（　　　　　　　　　　）

❷ 1mが280円の布（ぬの）を買うとき、買う長さ□mと、その代金○円。

（　　　　　　　　　　）

答えは65ページ

月　　日

4 小数のかけ算
整数×小数

／100点

1 次の□にあてはまる数を書きましょう。　1つ8〔32点〕

❶ 300×1.8＝300×18÷□

＝5400÷□＝□

❷ 600×0.03＝600×3÷□

＝1800÷□＝□

❸ 18×0.9　　❹ 50×1.62

ヒント
❶ 1.8 は 18 の $\frac{1}{10}$ です。
❷ 0.03 は 3 の $\frac{1}{100}$ です。
❸ 0.9 は 9 の $\frac{1}{10}$ です。
❹ 1.62 は 162 の $\frac{1}{100}$ です。

2 計算をしましょう。　1つ8〔48点〕

❶ 4×0.3　　❷ 5×2.7

❸ 28×0.5　　❹ 30×1.2

❺ 140×2.6　　❻ 490×0.04

3 積が 8 より小さくなるのはどれですか。　〔20点〕

㋐ 8×0.8　　㋑ 8×1.2　　㋒ 8×1
㋓ 8×0.2　　㋔ 8×2.1　　㋕ 8×1.02

答えは
66ページ

月　日

4 小数のかけ算
整数×小数

／100点

1 計算をしましょう。 1つ6〔48点〕

❶ 16×0.05　❷ 800×1.7

❸ 600×1.49　❹ 195×0.08

❺ 49×8.3　❻ 65×0.76

❼ 370×9.8　❽ 780×0.64

2 次の㋐～㋕から、記号で選びましょう。 1つ10〔20点〕

㋐ 12×0.9　㋑ 12×1.1　㋒ 12×1.3
㋓ 12×0.78　㋔ 12×0.18　㋕ 12×1.01

❶ 積が 12 より大きくなるのはどれですか。（　　　）

❷ 積が 12 より小さくなるのはどれですか。（　　　）

3 □にあてはまる数を書きましょう。 1つ8〔32点〕

❶ 6cm の 1.5 倍は、□cm です。

❷ 4m の 3.7 倍は、□m です。

❸ 45kg の 1.6 倍は、□kg です。

❹ 480 円の 0.75 倍は、□円です。

答えは 66ページ

月　　日

4 小数のかけ算
小数×小数

／100点

1 計算をしましょう。　1つ8〔40点〕

❶ 1.2×3.2

❷ 6.5×2.3

ポイント
1 小数点がないものとして計算します。
2 積の小数点は、かけられる数とかける数の小数点の右にあるけたの数の和だけ、右から数えてうちます。

❸ 4.7×9.8

❹ 7.6×2.3

❺ 5.2×7.4

2 計算をしましょう。　1つ8〔40点〕

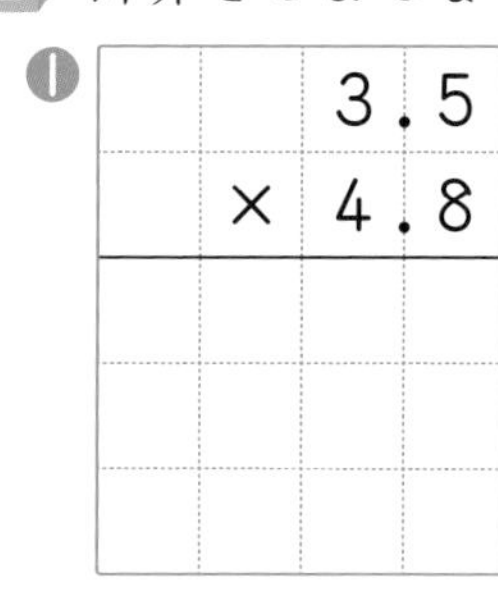
❶ 3.5×4.8

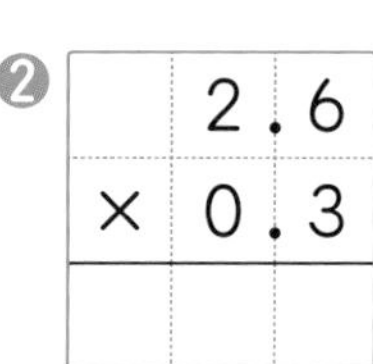
❷ 2.6×0.3

ヒント
❶ 0をとります。
❷ 0をつけたします。

❸ 8.4×5.5

❹ 2.7×0.6

❺ 0.5×1.2

3 筆算で計算しましょう。　1つ10〔20点〕

❶ 6.8×9.7　　❷ 6.5×5.6

答えは
66ページ

月　　日

4 小数のかけ算
小数×小数

／100点

1 計算をしましょう。　　1つ8〔64点〕

❶ $\begin{array}{r} 5.9 \\ \times\ 9.2 \\ \hline \end{array}$　❷ $\begin{array}{r} 2.54 \\ \times\ 2.88 \\ \hline \end{array}$　❸ $\begin{array}{r} 0.63 \\ \times\ 7.54 \\ \hline \end{array}$

❹ $\begin{array}{r} 8.9 \\ \times\ 0.6 \\ \hline \end{array}$　❺ $\begin{array}{r} 5.93 \\ \times\ 0.82 \\ \hline \end{array}$　❻ $\begin{array}{r} 0.48 \\ \times\ 0.79 \\ \hline \end{array}$

❼ $\begin{array}{r} 6.9 \\ \times\ 1.08 \\ \hline \end{array}$　❽ $\begin{array}{r} 6.05 \\ \times\ 81.4 \\ \hline \end{array}$

2 筆算で計算しましょう。　　1つ6〔36点〕

❶ 2.9×0.7　❷ 3.4×1.2　❸ 4.8×7.5

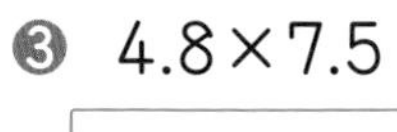

❹ 36.5×2.7　❺ 7.25×3.28　❻ 39.6×2.05

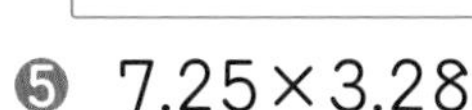

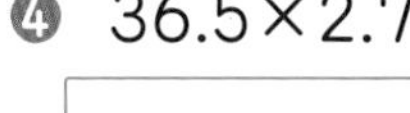

答えは
66ページ

月　　日

4 小数のかけ算
計算のきまりとくふう

／100点

1 □にあてはまる数を書きましょう。　1つ9〔36点〕

❶ 5.9×4.2
$= 4.2 \times \square$

❷ $6.8 \times 2.5 \times 0.4$
$= 6.8 \times (\square \times 0.4)$

ポイント
★ 整数のときに成り立つ計算のきまりは、小数のときも成り立ちます。
❶ ■×●＝●×■
❷ (■×●)×▲＝■×(●×▲)
❸ (■＋●)×▲＝■×▲＋●×▲
❹ (■－●)×▲＝■×▲－●×▲

❸ $(1.6 + 3.4) \times 7.9 = 1.6 \times \square + 3.4 \times 7.9$

❹ $(4.8 - 2.8) \times 1.7 = 4.8 \times 1.7 - 2.8 \times \square$

2 くふうして計算しましょう。　1つ8〔64点〕

❶ $2.7 \times 6 \times 0.5$

❷ $0.5 \times 7.4 \times 8$

❸ $7.9 \times 1.6 + 7.9 \times 3.4$

❹ $1.7 \times 4.8 - 1.7 \times 2.8$

❺ $(2.8 + 4.8) \times 0.5$

❻ $(2 - 0.4) \times 2.5$

❼ 10.5×8

❽ 9.9×6

答えは
66ページ

月　日

4 小数のかけ算
計算のきまりとくふう

／100点

1 □にあてはまる数を書きましょう。　1つ10〔20点〕

❶ $2.5\times8.9\times0.4$
$=(2.5\times\square)\times8.9$
$=\square\times8.9=\square$

❷ $5.5\times3.4+5.5\times4.6$
$=5.5\times(\square+4.6)$
$=5.5\times\square=\square$

2 くふうして計算しましょう。　1つ8〔80点〕

❶ $3.8\times4\times7.5$

❷ $8\times4.6\times2.5$

❸ $1.7\times2.5\times0.8$

❹ $1.6\times5.8\times0.5$

❺ $(0.4+2.4)\times2.5$

❻ $(2-0.4)\times7.5$

❼ $2.8\times4.6+2.2\times4.6$

❽ $1.8\times5.2-0.8\times5.2$

❾ 102×1.5

❿ 98×2.5

答えは
66ページ

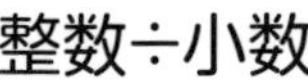

月　　日

5 小数のわり算
整数÷小数

／100点

1 □にあてはまる数を書きましょう。 〔10点〕

84÷1.2＝(84×10)÷(1.2×10)

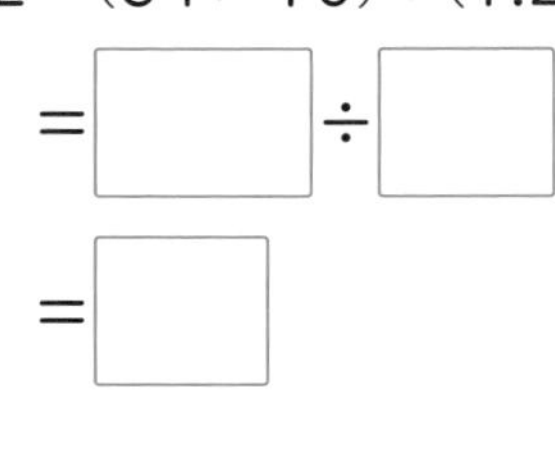

＝□÷□

＝□

ポイント
小数でわるわり算は、「わられる数とわる数に同じ数をかけても商は変わらない」というきまりを使って、わる数を整数にして計算します。

2 計算をしましょう。 1つ7〔70点〕

❶ 9÷1.8　　❷ 8÷0.2

❸ 54÷0.3　　❹ 32÷0.4

❺ 92÷2.3　　❻ 72÷1.2

❼ 182÷2.6　　❽ 256÷3.2

❾ 45÷1.8　　❿ 160÷2.5

3 商が7より大きくなるのはどれですか。 〔20点〕

㋐ 7÷1.3　　㋑ 7÷0.9　　㋒ 7÷1

㋓ 7÷0.6　　㋔ 7÷2.3　　㋕ 7÷1.03

（　　　　）

答えは
66ページ

月　日

5 小数のわり算
整数÷小数

／100点

1 計算をしましょう。　1つ6〔48点〕

❶ 98÷1.4　❷ 144÷3.2

❸ 450÷0.3　❹ 920÷0.4

❺ 540÷1.35　❻ 975÷1.25

❼ 45÷0.05　❽ 69÷0.92

2 次の㋐～㋕から、記号で選びましょう。　1つ10〔20点〕

㋐ 15÷0.8　㋑ 15÷1.02　㋒ 15÷1.2
㋓ 15÷0.85　㋔ 15÷0.08　㋕ 15÷1.25

❶ 商が15より大きくなるのはどれですか。（　　）

❷ 商が15より小さくなるのはどれですか。（　　）

3 □にあてはまる数を書きましょう。　1つ8〔32点〕

❶ 66kmは、□kmの1.5倍です。

❷ 180m²は、□m²の3.6倍です。

❸ 612mLは、□mLの0.85倍です。

❹ 483kgは、□kgの10.5倍です。

答えは
66ページ

月　日

5 小数のわり算
小数÷小数 ①

／100点

1 □にあてはまる数を書きましょう。　1つ9〔18点〕

❶ $7.8 \div 1.3 = (7.8 \times 10) \div (1.3 \times 10)$

$= \square \div \square = \square$

ポイント
わる数とわられる数の両方に 10 をかけて、わる数を整数にします。

❷ $83.2 \div 2.6 = (83.2 \times 10) \div (2.6 \times 10)$

$= \square \div \square = \square$

2 計算をしましょう。　1つ7〔70点〕

❶ $3.6 \div 0.6$　　❷ $2.1 \div 0.7$

❸ $6.4 \div 0.8$　　❹ $0.9 \div 0.3$

❺ $0.2 \div 0.4$　　❻ $9.2 \div 2.3$

❼ $2.1 \div 1.5$　　❽ $74.8 \div 4.4$

❾ $98.9 \div 2.3$　　❿ $48.1 \div 3.7$

3 $96 \div 6 = 16$ をもとにして、次の商を求めましょう。　1つ4〔12点〕

❶ $9.6 \div 0.6$　　❷ $96 \div 0.6$　　❸ $0.96 \div 0.06$

答えは
66ページ

月　日

5 小数のわり算
小数÷小数 ①

／100点

1 計算をしましょう。 1つ7〔70点〕

❶ 2.8÷0.4　　❷ 5.4÷0.9

❸ 9.1÷0.7　　❹ 0.4÷0.5

❺ 2.7÷1.5　　❻ 7.7÷2.2

❼ 25.5÷1.7　　❽ 96.8÷4.4

❾ 81.6÷3.4　　❿ 64.5÷1.5

2 □にあてはまる数を書きましょう。 1つ3〔12点〕

❶ 75÷3=□　　❷ 75÷0.3=□

❸ 7.5÷0.3=□　　❹ 7.5÷0.03=□

3 962÷26=37 をもとにして、次の商を求めましょう。

1つ6〔18点〕

❶ 96.2÷2.6　　❷ 9.62÷2.6　　❸ 9.62÷0.26

答えは
67ページ

月　日

5 小数のわり算
小数÷小数 ②

／100点

1 計算をしましょう。　1つ10〔50点〕

❶ 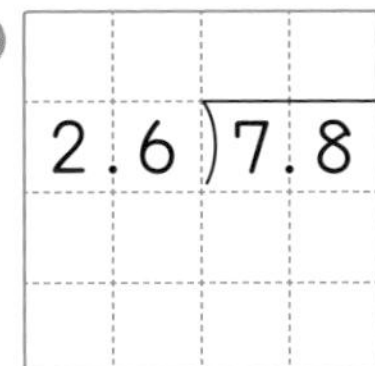

❷ 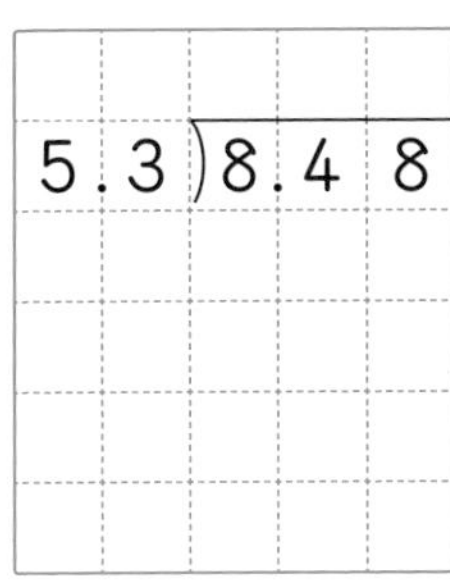

> **1** わる数を整数になおして計算します。
> **2** わる数とわられる数の小数点を同じけた数だけ右にうつします。
> **3** 商の小数点は、われる数の右にうつした小数点にそろえてうちます。

❸ 0.2 5)1.5

❹ 5.4)9.1 8

❺ 1.6 3)7.6 6 1

2 わりきれるまで計算しましょう。　1つ10〔50点〕

❶ 2)1 3.0

❷ 4)7.4

> **ヒント**
> ❶ 13を13.0と考えて、わり算を続けます。

❸ 2.5)6.5

❹ 7.5)5 8.5

❺ 7.2)6.1 2

答えは67ページ

月　　日

5 小数のわり算
小数÷小数 ②

／100点

1 わりきれるまで計算しましょう。　1つ8〔40点〕

❶ 8.6)6.45

❷ 1.8)8.1

❸ 7.5)27

❹ 3.26)4.89

❺ 2.36)5.9

2 筆算で計算しましょう。　1つ10〔60点〕

❶ 24.5÷0.07

❷ 8.4÷1.75

❸ 8.99÷2.9

❹ 0.38÷0.4

❺ 5.775÷4.62

❻ 1.184÷1.85

答えは
67ページ

月　日

5 小数のわり算
小数÷小数 ③

／100点

1 15.9÷4.8について、□にあてはまる数を書きましょう。

1つ15〔30点〕

❶ 筆算をして、商は一の位まで求めて、あまりもだしましょう。

15.9÷4.8＝3 あまり □

❷ 検算（けんざん）をしましょう。

4.8×3＋□＝□

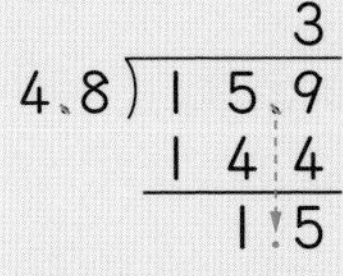

あまりの小数点は、わられる数のもとの小数点にそろえてうちます。

わる数×商＋あまり＝わられる数

2 商は一の位まで求めて、あまりもだしましょう。また、❹、❺は、検算もしましょう。

1つ10〔70点〕

❶ 4.3)11.7

❷ 1.7)8.25

❸ 2.3)34

❹ 0.6)9.2

❺ 1.37)8.3

〈検算〉

〈検算〉

答えは67ページ

月　日

5 小数のわり算
小数÷小数 ③

／100点

1 商は整数で求めて、あまりもだしましょう。また、検算(けんざん)もしましょう。　1つ7〔42点〕

❶ 8.4÷3.8　❷ 35.7÷5.5　❸ 65.6÷7.4

〈検算〉（　）　〈検算〉（　）　〈検算〉（　）

2 商は小数第一位まで求めて、あまりもだしましょう。また、検算もしましょう。　1つ8〔48点〕

❶ 5.3÷3.2　❷ 1.89÷2.6　❸ 40÷4.5

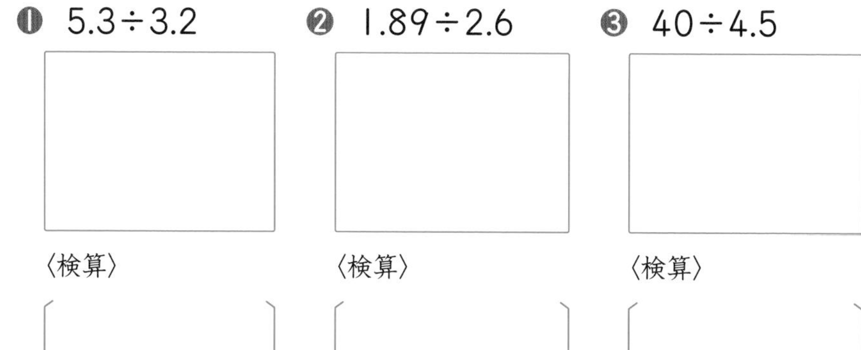

〈検算〉（　）　〈検算〉（　）　〈検算〉（　）

3 商が5.4より小さくなるのはどれですか。　〔10点〕

㋐ 5.4÷0.9　㋑ 5.4÷3.2　㋒ 5.4÷1.1

㋓ 5.4÷0.7　㋔ 5.4÷4.5

（　）

答えは67ページ

月　日

5 小数のわり算
小数÷小数 ④

／100点

1 5.5÷0.6 の商を、四捨五入(ししゃごにゅう)して、上から 2 けたのがい数で求めます。 1つ10〔40点〕

❶ 上から何けためので数を四捨五入すればよいですか。（　　）

❷ 右の筆算をしましょう。

❸ ❶の位の数字は何ですか。（　　）

❹ 商はいくつになりますか。（　　）

0.6)5.5

2 ❶～❸は、わりきれるまで計算しましょう。❹～❻は、商を四捨五入して、上から 2 けたのがい数で求めましょう。 1つ10〔60点〕

❶ 2.8)9.8

❷ 6.5)1.5 6

❸ 2.6)9.8 2 8

❹ 4.7)8.3

❺ 0.7)1.8 6

❻ 1.3 8)4.2 7

答えは
67ページ

月　　日

5 小数のわり算
小数÷小数 ④

／100点

1 商は四捨五入(ししゃごにゅう)して、上から2けたのがい数で求めましょう。

1つ10〔60点〕

❶ 3.8)8.7

❷ 1.3)15.9

❸ 2.9)0.84

❹ 7.8)0.59

❺ 8.6)7.53

❻ 0.58)4.738

2 わられる数とわる数を、上から1けたのがい数にして計算し、商の見当をつけましょう。また、答えを筆算で求めましょう。

1つ5〔40点〕

❶ 58.9÷3.1

見当（　　　）

答え（　　　）

❷ 42.4÷0.8

見当（　　　）

答え（　　　）

❸ 77.9÷8.2

見当（　　　）

答え（　　　）

❹ 93.1÷9.5

見当（　　　）

答え（　　　）

答えは
67ページ

月　　日

6 図形の角
三角形・四角形・多角形の角

／100点

1 下の図のあ～えの角度は何度ですか。　1つ15〔60点〕

❶

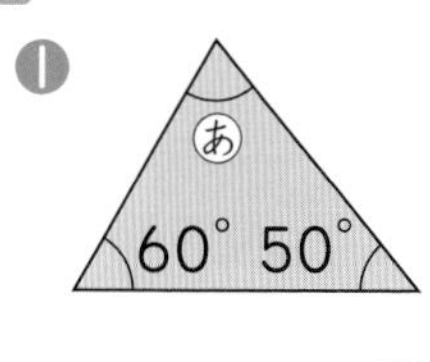

あ（　　　）

ヒント
❶ 三角形の3つの角の大きさの和は、180°になります。
❹ 四角形の4つの角の大きさの和は、360°になります。
多角形の角の大きさの和は、1つの頂点から対角線をひいて、三角形に分けて求めます。

❷

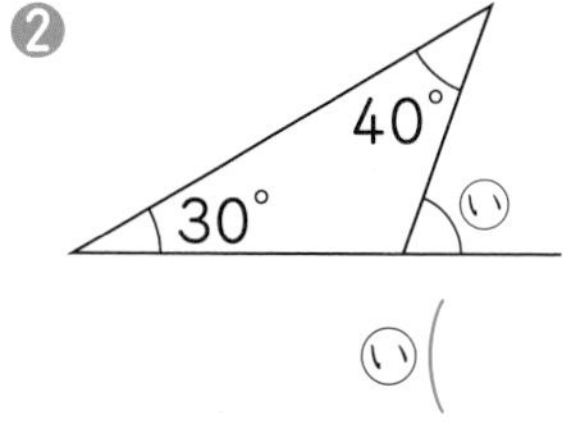

い（　　　）

❸ 二等辺三角形

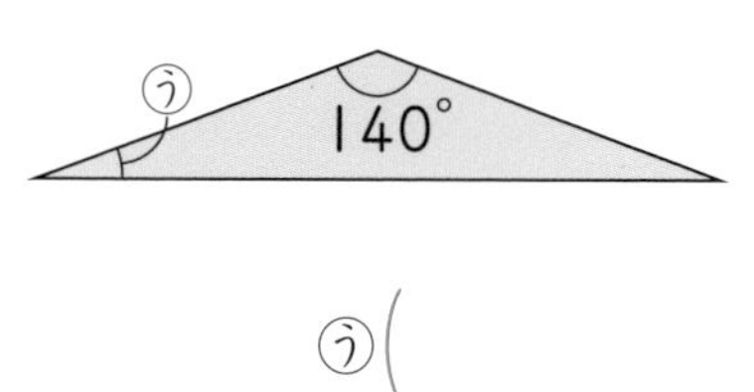

う（　　　）

❹

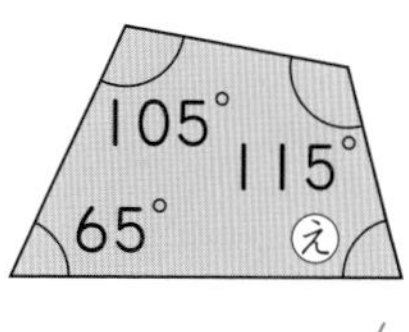

え（　　　）

2 下の図の多角形の角の大きさの和を求めましょう。　1つ20〔40点〕

❶

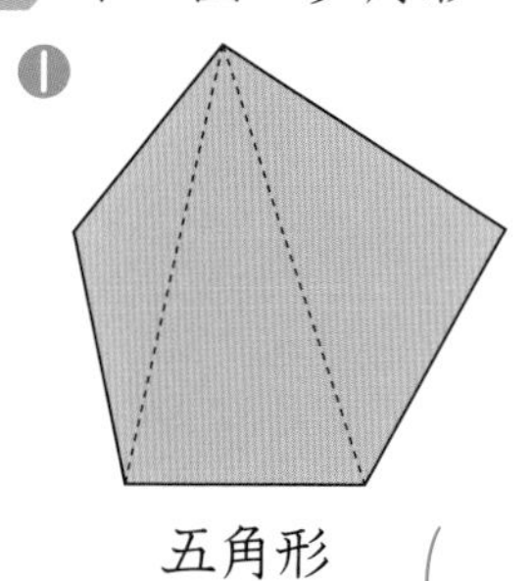

五角形（　　　）

❷

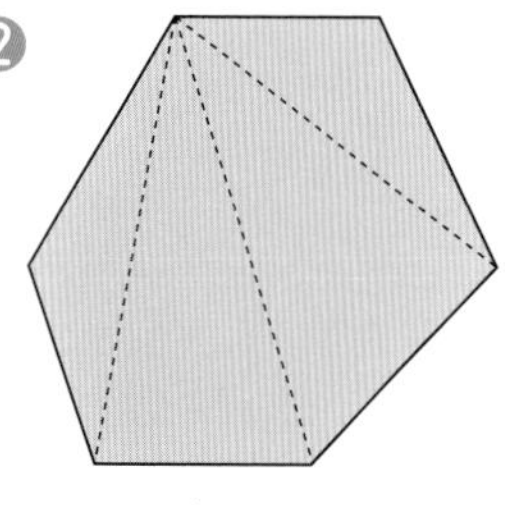

六角形（　　　）

答えは
67ページ

月　日

6 図形の角
三角形・四角形・多角形の角

／100点

1 下の図のあ～うの角度を計算で求めましょう。　1つ10〔30点〕

❶

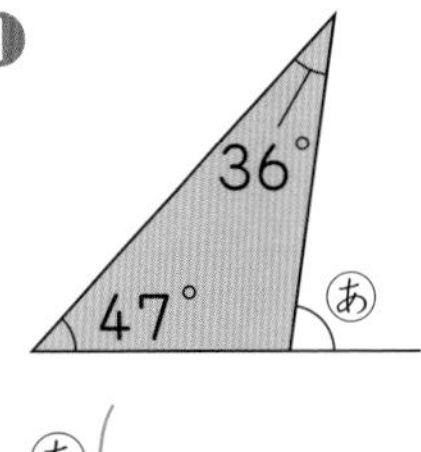

❷ 正三角形

❸

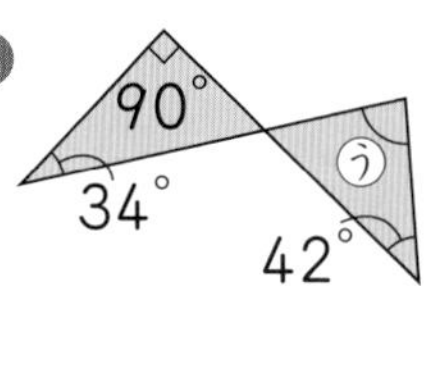

あ（　　　）　い（　　　）　う（　　　）

2 下の図は、1組の三角定規を組み合わせたものです。あ～おの角度を計算で求めましょう。　1つ6〔30点〕

❶

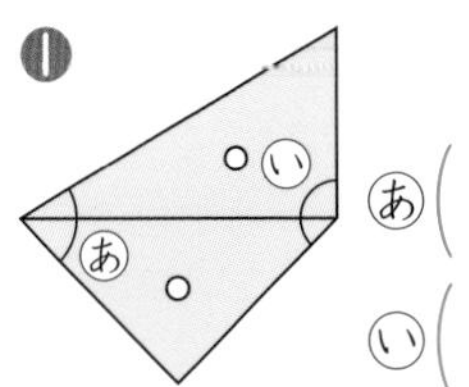

あ（　　　）
い（　　　）

❷

う（　　　）
え（　　　）
お（　　　）

3 下の図のあ～えの角度を計算で求めましょう。　1つ10〔40点〕

❶

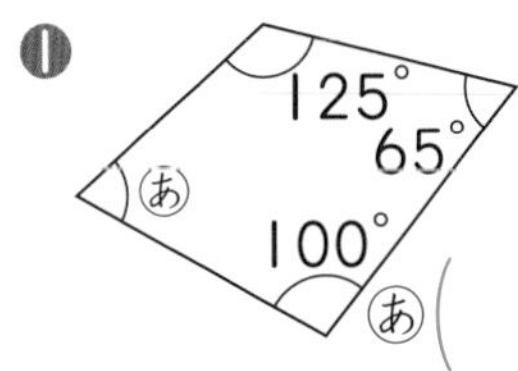

あ（　　　）

❷

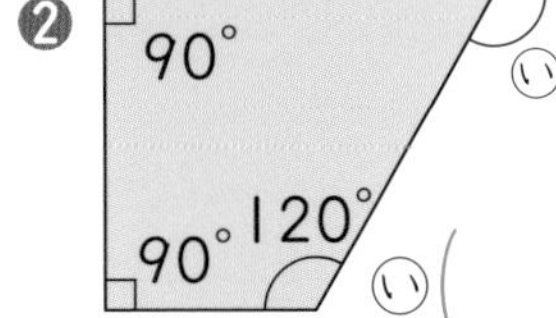

い（　　　）

❸

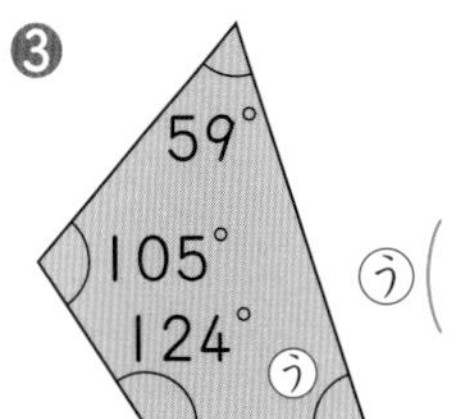

う（　　　）

❹

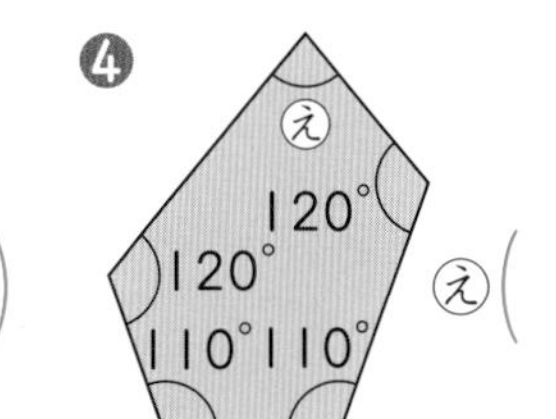

え（　　　）

答えは68ページ

月　日

10分

7 整数の性質
倍数と公倍数

／100点

1 2の倍数、3の倍数を○で囲(かこ)みましょう。 1つ20〔40点〕

❶ 2の倍数

0 1 2 3 4 5 6 7 8 9 10 11 12 13 14 15 16 17 18 19 20

❷ 3の倍数

0 1 2 3 4 5 6 7 8 9 10 11 12 13 14 15 16 17 18 19 20

ポイント
❶ 2に整数をかけてできる数です。
❷ 3に整数をかけてできる数です。
0は、倍数には入れないことにします。

2 2と3の公倍数と最小公倍数を求めます。 1つ12〔60点〕

❶ □にあう数やことばを書きましょう。

㋐ 2と3の共通な倍数を、2と3の □ といいます。

㋑ 2と3の公倍数は、2の倍数のうち、□ でわりきれる数です。

㋒ 公倍数のうちで、いちばん小さい数を、□ といいます。

ポイント
いくつかの整数の共通な倍数を、それらの整数の**公倍数**といいます。公倍数のうちで、いちばん小さい数を**最小公倍数**といいます。

❷ 2と3の公倍数を、小さいほうから順に3つ求めましょう。

（　　　　）

❸ 2と3の最小公倍数を求めましょう。 （　　　　）

答えは
68ページ

月　日

10分

／100点

7 整数の性質
倍数と公倍数

1 次の数のうち、9の倍数はどれですか。〔6点〕

9、19、28、37、45、63、71、80（　　）

2 次の数の倍数を小さい順に4つ書きましょう。1つ6〔24点〕

❶ 6（　　）　❷ 8（　　）

❸ 10（　　）　❹ 12（　　）

3 （　）の中の数の公倍数を小さい順に3つ求めましょう。1つ7〔28点〕

❶ （2、7）（　　）　❷ （4、9）（　　）

❸ （6、15）（　　）　❹ （3、4、8）（　　）

4 （　）の中の数の最小公倍数を求めましょう。1つ7〔42点〕

❶ （4、6）（　　）　❷ （8、14）（　　）

❸ （12、28）（　　）　❹ （4、5、6）（　　）

❺ （8、12、18）（　　）　❻ （4、18、27）（　　）

答えは
68ページ

月　日

7 整数の性質
約数と公約数

／100点

1 16の約数、24の約数を○で囲(かこ)みましょう。　1つ20〔40点〕

❶ 16の約数

0 1 2 3 4 5 6 7 8 9 10 11 12 13 14 15 16 17 18 19 20 21 22 23 24

❷ 24の約数

0 1 2 3 4 5 6 7 8 9 10 11 12 13 14 15 16 17 18 19 20 21 22 23 24

ヒント
❶ 16をわりきることができる整数です。
❷ 24をわりきることができる整数です。
1とその数自身も約数です。

2 16と24の公約数と最大公約数を求めます。　1つ12〔60点〕

❶ □にあう数やことばを書きましょう。

㋐ 16と24の共通な約数を、16と24の［　　］といいます。

㋑ 16と24の公約数は、16の約数のうち［　　］をわって、商が整数でわりきれる数です。

㋒ 公約数のうちで、いちばん大きい数を、［　　］といいます。

ポイント
いくつかの整数の共通な約数を、それらの整数の**公約数**といいます。公約数のうちで、いちばん大きい数を**最大公約数**といいます。

❷ 16と24の公約数を、ぜんぶ求めましょう。

（　　　　　）

❸ 16と24の最大公約数を求めましょう。（　　　）

答えは68ページ

月　　日

7 整数の性質
約数と公約数

／100点

1 次の数の約数をぜんぶ書きましょう。　1つ5〔20点〕

❶ 5 (　　　)　❷ 8 (　　　)

❸ 28 (　　　)　❹ 32 (　　　)

2 (　　)の中の数の公約数をぜんぶ求めましょう。　1つ6〔24点〕

❶ (6、9) (　　　)　❷ (8、12) (　　　)

❸ (18、27) (　　　)　❹ (24、30) (　　　)

3 (　　)の中の数の最大公約数を求めましょう。　1つ7〔28点〕

❶ (9、15) (　　　)　❷ (8、20) (　　　)

❸ (12、30) (　　　)　❹ (32、48) (　　　)

4 (　　)の中の数の最大公約数を求めましょう。　1つ7〔28点〕

❶ (6、18、27) (　　　)　❷ (12、20、32) (　　　)

❸ (24、40、72) (　　　)　❹ (36、60、96) (　　　)

答えは
68ページ

月　日

8 分数のたし算とひき算
約分・通分

／100点

1 □にあてはまる数を書きましょう。　1つ7〔42点〕

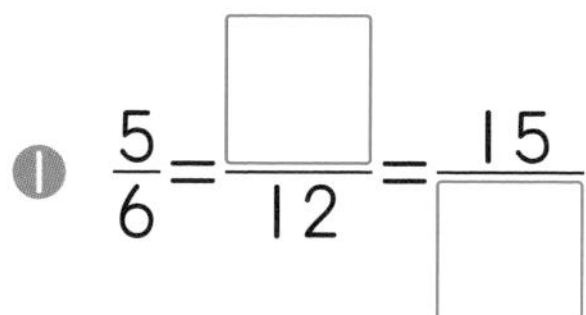

❶ $\frac{5}{6}=\frac{\square}{12}=\frac{15}{\square}$

ポイント
分母と分子に同じ数をかけても、分母と分子を同じ数でわっても、分数の大きさは変わりません。

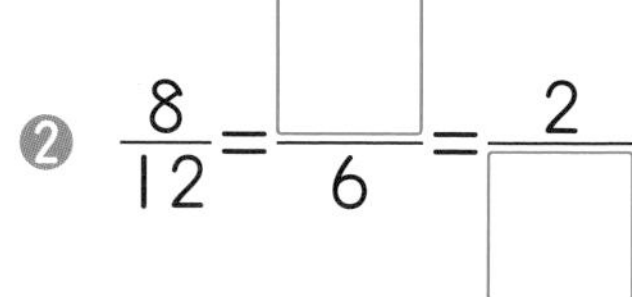

❷ $\frac{8}{12}=\frac{\square}{6}=\frac{2}{\square}$

❸ $\frac{9}{27}=\frac{3}{\square}=\frac{\square}{3}$

2 $\frac{54}{72}$の約分のしかたを考えます。　1つ7〔28点〕

❶ □にあう数を書きましょう。

$\frac{54}{72}=\frac{\square}{36}=\frac{\square}{12}=\frac{\square}{4}$

ポイント
分母と分子を、それらの公約数でわって、分母の小さい分数にすることを**約分**するといいます。

❷ 54 と 72 の最大公約数はいくつですか。　(　　　)

3 (　　)の中の分数を通分しましょう。　1つ10〔30点〕

❶ $\left(\frac{3}{4}、\frac{2}{3}\right)$

(　　　)

ヒント
いくつかの分母がちがう分数を、分母が同じ分数になおすことを**通分**するといいます。
❶ 分母の 4 と 3 の最小公倍数 12 を分母にした分数にします。

❷ $\left(\frac{1}{6}、\frac{4}{9}\right)$

(　　　)

❸ $\left(\frac{3}{8}、\frac{5}{6}\right)$

(　　　)

答えは 68ページ

月　　日

8 分数のたし算とひき算
約分・通分

／100点

1 分母が5から20までの分数のうちで、$\frac{2}{3}$と大きさの等しい分数をぜんぶ書きましょう。〔12点〕

(　　　　　)

2 次の分数を約分しましょう。1つ7〔28点〕

❶ $\frac{8}{24}$ (　　　)　❷ $\frac{21}{35}$ (　　　)

❸ $\frac{24}{60}$ (　　　)　❹ $\frac{25}{100}$ (　　　)

3 次の分数を通分しましょう。1つ10〔40点〕

❶ $\frac{3}{4}$、$\frac{4}{7}$ (　　　)　❷ $\frac{5}{9}$、$\frac{7}{12}$ (　　　)

❸ $\frac{2}{3}$、$\frac{3}{4}$、$\frac{5}{12}$ (　　　)　❹ $\frac{4}{5}$、$\frac{1}{12}$、$\frac{3}{20}$ (　　　)

4 次の分数を小さい順に左から書きましょう。1つ10〔20点〕

❶ $\frac{2}{3}$、$\frac{5}{6}$、$\frac{7}{9}$ (　　　)　❷ $\frac{5}{6}$、$\frac{7}{8}$、$\frac{11}{12}$ (　　　)

答えは
68ページ

月　日

10分

8 分数のたし算とひき算

分数のたし算

／100点

1 □にあてはまる数を書きましょう。 〔10点〕

$$\frac{1}{3}+\frac{1}{4}=\frac{\square}{12}+\frac{3}{\square}=\frac{\square}{12}$$

ポイント
分母がちがう分数のたし算は、通分して計算します。

2 計算をしましょう。 1つ8〔32点〕

❶ $\frac{1}{2}+\frac{1}{3}$

❷ $\frac{3}{8}+\frac{1}{4}$

❸ $\frac{1}{2}+\frac{2}{5}$

❹ $\frac{3}{4}+\frac{1}{6}$

3 □にあてはまる数を書きましょう。 〔10点〕

$$\frac{5}{6}+\frac{1}{10}=\frac{\square}{30}+\frac{3}{\square}=\frac{\square}{30}=\frac{14}{\square}$$

ポイント
分数の計算で、答えが約分できるときは、約分して、できるだけかん単な分数にします。

4 計算をしましょう。 1つ8〔48点〕

❶ $\frac{1}{12}+\frac{2}{3}$

❷ $\frac{1}{6}+\frac{7}{18}$

❸ $\frac{7}{15}+\frac{9}{20}$

❹ $\frac{7}{10}+\frac{1}{6}$

❺ $\frac{11}{24}+\frac{3}{8}$

❻ $\frac{1}{6}+\frac{9}{14}$

答えは
68ページ

月　日

8 分数のたし算とひき算

分数のたし算

/100点

1 計算をしましょう。　1つ5〔30点〕

❶ $\frac{1}{3}+\frac{2}{5}$　❷ $\frac{5}{16}+\frac{1}{4}$

❸ $\frac{2}{5}+\frac{3}{7}$　❹ $\frac{1}{9}+\frac{5}{6}$

❺ $\frac{2}{15}+\frac{5}{6}$　❻ $\frac{3}{14}+\frac{3}{4}$

2 計算をしましょう。　1つ7〔70点〕

❶ $\frac{7}{8}+\frac{15}{32}$　❷ $\frac{7}{10}+\frac{4}{5}$

❸ $\frac{5}{12}+\frac{11}{15}$　❹ $\frac{5}{16}+\frac{5}{6}$

❺ $\frac{13}{15}+\frac{4}{5}$　❻ $\frac{7}{12}+\frac{5}{8}$

❼ $\frac{7}{8}+\frac{5}{14}$　❽ $\frac{8}{9}+\frac{7}{12}$

❾ $\frac{9}{10}+\frac{4}{15}$　❿ $\frac{5}{6}+\frac{20}{21}$

答えは
69ページ

月　日

8 分数のたし算とひき算
分数のひき算

／100点

1 □にあてはまる数を書きましょう。 〔10点〕

$$\frac{1}{2}-\frac{1}{3}=\frac{\square}{6}-\frac{2}{\square}=\frac{\square}{6}$$

ポイント
★ 分母がちがう分数のひき算も、たし算と同じように通分してから計算します。

2 計算をしましょう。 1つ8〔32点〕

❶ $\frac{4}{9}-\frac{1}{6}$　　❷ $\frac{5}{6}-\frac{2}{3}$

❸ $\frac{7}{8}-\frac{5}{12}$　　❹ $\frac{2}{3}-\frac{3}{7}$

3 □にあてはまる数を書きましょう。 〔10点〕

$$\frac{5}{6}-\frac{3}{10}=\frac{25}{\square}-\frac{\square}{30}=\frac{\square}{30}=\frac{8}{\square}$$

ポイント
★ 答えが約分できるときは、約分して、できるだけかん単な分数にします。

4 計算をしましょう。 1つ8〔48点〕

❶ $\frac{1}{3}-\frac{1}{12}$　　❷ $\frac{5}{6}-\frac{1}{3}$

❸ $\frac{11}{12}-\frac{4}{15}$　　❹ $\frac{9}{10}-\frac{5}{6}$

❺ $\frac{19}{21}-\frac{5}{6}$　　❻ $\frac{17}{20}-\frac{7}{12}$

答えは
69ページ

月　日

8 分数のたし算とひき算

分数のひき算

／100点

1 計算をしましょう。　1つ5〔30点〕

❶ $\frac{3}{4}-\frac{5}{8}$

❷ $\frac{5}{7}-\frac{2}{5}$

❸ $\frac{5}{6}-\frac{4}{5}$

❹ $\frac{4}{9}-\frac{3}{8}$

❺ $\frac{7}{8}-\frac{1}{6}$

❻ $\frac{5}{9}-\frac{7}{15}$

2 計算をしましょう。　1つ7〔70点〕

❶ $\frac{2}{3}-\frac{7}{15}$

❷ $\frac{5}{7}-\frac{8}{21}$

❸ $\frac{7}{6}-\frac{9}{10}$

❹ $\frac{7}{12}-\frac{3}{20}$

❺ $\frac{13}{9}-\frac{7}{12}$

❻ $\frac{15}{16}-\frac{5}{12}$

❼ $\frac{17}{15}-\frac{1}{12}$

❽ $\frac{13}{14}-\frac{1}{6}$

❾ $\frac{11}{6}-\frac{2}{15}$

❿ $\frac{13}{15}-\frac{9}{20}$

答えは
69ページ

月　　日

8 分数のたし算とひき算

帯分数のたし算

／100点

1 $1\frac{1}{3}+3\frac{3}{4}$を２通りのしかたで計算します。□にあてはまる数を書きましょう。

1つ10〔20点〕

㋐ $1\frac{1}{3}+3\frac{3}{4}=\frac{\square}{3}+\frac{\square}{4}$ **1**

$=\frac{\square}{12}+\frac{\square}{12}$ **2**

$=\frac{\square}{12}\left(\square\frac{\square}{12}\right)$ **3**

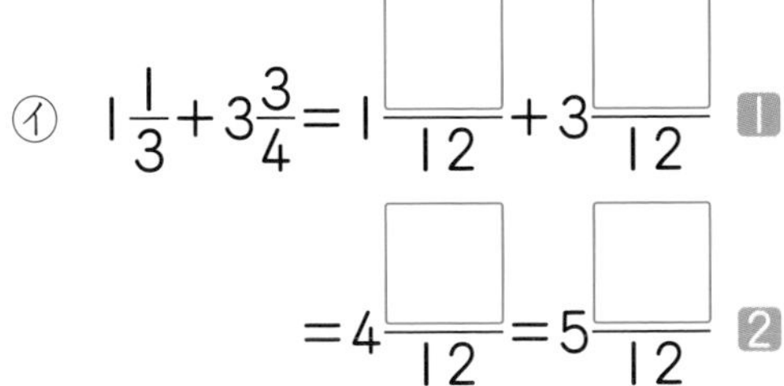

㋑ $1\frac{1}{3}+3\frac{3}{4}=1\frac{\square}{12}+3\frac{\square}{12}$ **1**

$=4\frac{\square}{12}=5\frac{\square}{12}$ **2**

ヒント

㋐ **1** 仮分数（かぶんすう）になおします。
2 通分します。
3 答えが帯分数にできるときはしてもかまいません。約分できるときは約分します。

㋑ **1** 通分します。
2 整数部分と分数部分に分けて計算します。

2 計算をしましょう。

1つ20〔80点〕

❶ $2\frac{3}{4}+1\frac{2}{5}$

❷ $3\frac{2}{5}+2\frac{6}{7}$

❸ $1\frac{4}{5}+2\frac{7}{10}$

❹ $2\frac{4}{15}+3\frac{9}{10}$

答えは
69ページ

月　日

8 分数のたし算とひき算

帯分数のたし算

／100点

1 計算をしましょう。 1つ5〔30点〕

❶ $1\frac{4}{9}+\frac{1}{6}$

❷ $\frac{5}{7}+3\frac{1}{3}$

❸ $2\frac{2}{3}+3\frac{1}{2}$

❹ $2\frac{2}{3}+2\frac{3}{4}$

❺ $1\frac{1}{6}+2\frac{7}{18}$

❻ $3\frac{7}{15}+1\frac{7}{10}$

2 計算をしましょう。 1つ7〔70点〕

❶ $1\frac{3}{8}+2\frac{5}{6}$

❷ $2\frac{4}{9}+1\frac{7}{12}$

❸ $1\frac{1}{6}+2\frac{9}{14}$

❹ $2\frac{5}{6}+1\frac{3}{10}$

❺ $3\frac{4}{5}+2\frac{9}{20}$

❻ $1\frac{7}{12}+2\frac{11}{30}$

❼ $4\frac{8}{15}+3\frac{11}{12}$

❽ $2\frac{3}{4}+2\frac{7}{18}$

❾ $1\frac{5}{21}+3\frac{5}{6}$

❿ $4\frac{3}{20}+2\frac{7}{12}$

答えは 69ページ

月　　日

8 分数のたし算とひき算

帯分数のひき算

／100点

1 $4\frac{1}{9}-1\frac{5}{6}$を2通りのしかたで計算します。□にあてはまる数を書きましょう。　1つ10〔20点〕

㋐ $4\frac{1}{9}-1\frac{5}{6}=\frac{\square}{9}-\frac{\square}{6}$ 1

$=\frac{\square}{18}-\frac{\square}{18}$ 2

$=\frac{\square}{18}\left(\square\frac{\square}{18}\right)$ 3

㋑ $4\frac{1}{9}-1\frac{5}{6}=4\frac{\square}{18}-1\frac{\square}{18}$ 1

$=3\frac{\square}{18}-1\frac{\square}{18}=2\frac{\square}{18}$ 2

ヒント
㋐ 1 仮分数（かぶんすう）になおします。
2 通分します。
3 答えが帯分数にできるときはしてもかまいません。約分できるときは約分します。
㋑ 1 通分します。
2 分数部分がひけないときは、一部仮分数になおして、整数部分と分数部分に分けて計算します。

2 計算をしましょう。　1つ20〔80点〕

❶ $3\frac{1}{4}-1\frac{3}{7}$

❷ $4\frac{2}{5}-2\frac{1}{2}$

❸ $4\frac{1}{6}-1\frac{7}{15}$

❹ $2\frac{1}{12}-\frac{4}{9}$

答えは
70ページ

月　日

8 分数のたし算とひき算
帯分数のひき算

／100点

1 計算をしましょう。　1つ5〔30点〕

❶ $1\frac{5}{9}-\frac{1}{6}$　❷ $2\frac{1}{7}-\frac{4}{5}$

❸ $2\frac{1}{6}-\frac{7}{10}$　❹ $2\frac{1}{16}-\frac{5}{6}$

❺ $3\frac{1}{18}-1\frac{1}{2}$　❻ $3\frac{1}{4}-1\frac{5}{6}$

2 計算をしましょう。　1つ7〔70点〕

❶ $4\frac{7}{12}-2\frac{13}{20}$　❷ $4\frac{5}{8}-1\frac{9}{10}$

❸ $4\frac{3}{14}-2\frac{5}{6}$　❹ $5\frac{7}{18}-2\frac{19}{24}$

❺ $5\frac{2}{15}-2\frac{3}{10}$　❻ $4\frac{2}{5}-1\frac{13}{20}$

❼ $3\frac{3}{16}-1\frac{5}{12}$　❽ $3\frac{3}{20}-1\frac{7}{12}$

❾ $3\frac{1}{12}-1\frac{11}{15}$　❿ $5\frac{5}{6}-1\frac{19}{21}$

答えは
70ページ

月　　日

8　分数のたし算とひき算

3つの分数のたし算とひき算

／100点

1 □にあてはまる数を書きましょう。　1つ20〔40点〕

❶ $\frac{1}{2}+\frac{1}{3}+\frac{1}{4}=\frac{6}{\square}+\frac{\square}{12}+\frac{3}{\square}$

$=\frac{\square}{12}\left(\square\frac{\square}{12}\right)$

❷ $\frac{5}{6}-\frac{2}{3}-\frac{1}{18}=\frac{\square}{18}-\frac{12}{\square}-\frac{1}{18}$

$=\frac{\square}{18}-\frac{1}{18}=\frac{\square}{18}=\frac{\square}{9}$

ヒント

★3つの分数のたし算やひき算、たし算とひき算のまじった式は、3つの分数を通分して計算します。

❶ 分母の2、3、4の最小公倍数12で通分します。

❷ 分母の6、3、18の最小公倍数18で通分します。

2 計算をしましょう。　1つ10〔60点〕

❶ $\frac{3}{4}+\frac{5}{8}+\frac{1}{2}$

❷ $\frac{8}{9}-\frac{1}{6}-\frac{2}{3}$

❸ $\frac{1}{2}+\frac{3}{4}-\frac{1}{6}$

❹ $\frac{3}{5}-\frac{1}{2}+\frac{3}{4}$

❺ $\frac{2}{3}+\frac{3}{4}-\frac{5}{8}$

❻ $\frac{1}{4}-\frac{2}{9}+\frac{7}{12}$

答えは
70ページ

月　日

8 分数のたし算とひき算
3つの分数のたし算とひき算

／100点

1 計算をしましょう。　　1つ8〔64点〕

❶ $\frac{2}{5}+\frac{1}{4}+\frac{1}{6}$

❷ $\frac{1}{4}+\frac{5}{12}+\frac{3}{16}$

❸ $\frac{5}{8}-\frac{3}{16}-\frac{1}{6}$

❹ $\frac{8}{9}-\frac{1}{6}-\frac{5}{12}$

❺ $\frac{1}{3}+\frac{3}{4}-\frac{5}{6}$

❻ $\frac{7}{8}+\frac{2}{3}-\frac{1}{6}$

❼ $\frac{5}{8}-\frac{2}{5}+\frac{9}{10}$

❽ $\frac{11}{12}-\frac{2}{9}+\frac{5}{8}$

2 計算をしましょう。　　1つ9〔36点〕

❶ $1\frac{1}{3}+2\frac{1}{2}+1\frac{3}{4}$

❷ $4\frac{5}{9}-1\frac{2}{3}-1\frac{4}{15}$

❸ $3\frac{7}{18}+\frac{3}{8}-1\frac{8}{9}$

❹ $1\frac{5}{6}-\frac{3}{5}+2\frac{11}{12}$

答えは
70ページ

月　　日

きほん 22

9 分数と小数・整数
分数と小数

／100点

1 わり算の商を分数で表しましょう。　1つ8〔24点〕

❶ 2÷7　（　　　　）

❷ 6÷9　（　　　　）

❸ 15÷12　（　　　　）

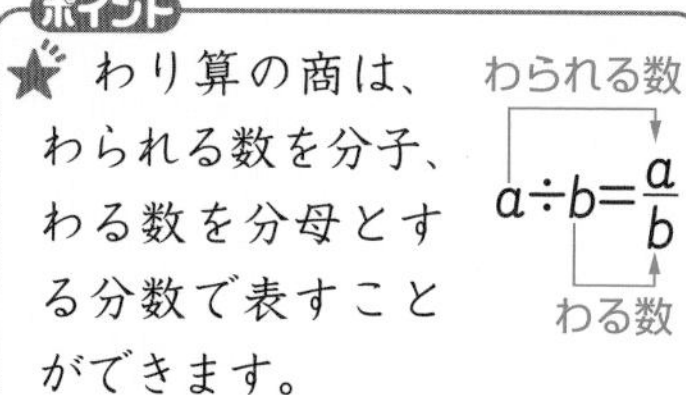

2 分数を小数で表しましょう。　1つ8〔16点〕

❶ $\frac{1}{4}$　（　　　　）

❷ $\frac{9}{5}$　（　　　　）

ヒント
分子を分母でわります。
❶ 1÷4 を計算します。
❷ 9÷5 を計算します。

3 次の分数を、四捨五入(ししゃごにゅう)して $\frac{1}{100}$ の位までの小数で表しましょう。　1つ8〔16点〕

❶ $\frac{2}{3}$　（　　　　）　❷ $\frac{15}{7}$　（　　　　）

4 小数を分数で表しましょう。　1つ6〔24点〕

❶ 0.3　（　　　　）

❷ 2.4　（　　　　）

❸ 0.06　（　　　　）

❹ 1.45　（　　　　）

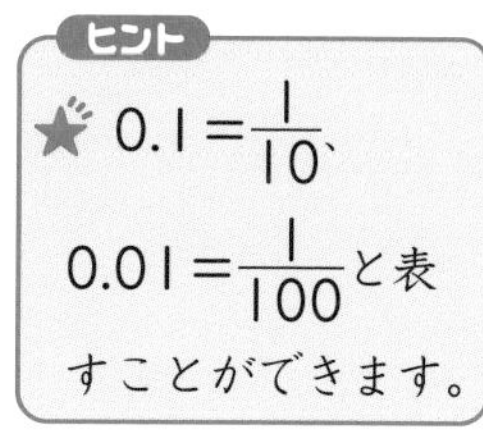

5 大きいほうの数を○で囲(かこ)みましょう。　1つ10〔20点〕

❶ $\frac{3}{4}$、0.76　　❷ 1.3、$\frac{4}{3}$

答えは 70ページ

月　日

9 分数と小数・整数

分数と小数

／100点

1 分数を小数や整数で表しましょう。　1つ6〔24点〕

❶ $\frac{2}{5}$ （　　）　❷ $\frac{14}{25}$ （　　）

❸ $\frac{84}{3}$ （　　）　❹ $\frac{3}{8}$ （　　）

2 次の分数を、四捨五入(ししゃごにゅう)して $\frac{1}{100}$ の位までの小数で表しましょう。　1つ6〔24点〕

❶ $\frac{2}{7}$ （　　）　❷ $\frac{5}{6}$ （　　）

❸ $\frac{14}{9}$ （　　）　❹ $1\frac{4}{13}$ （　　）

3 小数や整数を分数で表しましょう。　1つ5〔40点〕

❶ 0.7 （　　）　❷ 0.32 （　　）

❸ 0.648 （　　）　❹ 1.9 （　　）

❺ 2.75 （　　）　❻ 5 （　　）

❼ 4.24 （　　）　❽ 3.125 （　　）

4 次の数を小さい順に左から書きましょう。　1つ6〔12点〕

❶ 1.7、$\frac{5}{3}$、1.8、$\frac{7}{4}$　❷ 0.85、$\frac{5}{6}$、$\frac{7}{8}$、0.87

（　　）　（　　）

答えは
70ページ

月　　日

平均と単位量あたりの大きさ

／100点

1 次の量の平均（へいきん）を求めましょう。　1つ14〔28点〕

❶ 9dL、7dL、13dL、12dL、10dL、9dL　（　　　）

❷ 27.3kg、32.5kg、28.8kg、34.4kg、26kg　（　　　）

ポイント
いくつかの数量を、等しい大きさになるようにならしたものを**平均**といいます。
平均＝合計÷個数（こすう）

2 □にあてはまる数を書きましょう。　1つ12〔72点〕

❶ 面積が100m²の公園で、50人の子どもが遊んでいるとき、1m²あたりの人数は□人で、1人あたりの面積は□m²です。

❷ 32Lのガソリンで400km走る自動車は、1Lあたりに走る道のりは□kmで、1kmあたりで使うガソリンの量は□Lです。

❸ 右の表で、A市の人口密度（じんこうみつど）は□人、B市の人口密度は□人です。

	面積（km²）	人口（人）
A市	64	41280
B市	45	23535

ヒント
❶ 混（こ）みぐあいを比（くら）べるときには、1m²あたりの人数や1人あたりの面積などで比べる方法が便利です。このようにして表した大きさを、**単位量あたりの大きさ**といいます。
❸ 1km²あたりの人口を、**人口密度**といいます。

答えは71ページ

月　　日

平均と単位量あたりの大きさ

／100点

1 □にあてはまる数を書きましょう。　1つ10〔40点〕

❶ たまご1個分の重さを平均62gとすると、たまご12個分の重さは□gで、150個分の重さは□gです。

❷ 340ページある本を、ちょうど8日間で読み終わりました。1日に平均□ページ読んだことになります。

❸ 国語、算数、理科、社会の4教科の平均点が81点でした。そのうち、国語、理科、社会の3教科の平均点は79点でした。このとき、算数は□点だったことになります。

2 □にあてはまる数を書きましょう。　1つ12〔60点〕

❶ 学校の花だんに1m^2あたり24本の花のなえを植えるとすると、8m^2の学校の花だんでは□本のなえが、15m^2の学校の花だんでは□本のなえがいります。

❷ 1Lのガソリンで8.5km走る自動車は、30Lのガソリンでは□km、48Lのガソリンでは□km走ることができます。

❸ へいにペンキをぬるのに1m^2あたり0.4L使うとすると、たて1.4m、横9.5mの長方形のへいをぬるには、□Lのペンキがいります。

答えは71ページ

月　　日

11 速さ
速さや道のりを求める計算

／100点

1 次の㋐、㋑のうち、速いほうの記号を書きましょう。 1つ10〔20点〕

❶ ㋐ 40m を 7 秒で走る。
　 ㋑ 80m を 13 秒で走る。

（　　　）

❷ ㋐ 50m を 8 秒で走る。
　 ㋑ 90m を 16 秒で走る。

（　　　）

ヒント
❶ 走ったきょりをそろえてから、走った時間を比(くら)べます。
❷ 同じ時間で走ったきょりを比べます。

2 □にあてはまる数を書きましょう。 1つ10〔20点〕

❶ 4 時間で 12km 進むとき、1 時間あたりに進むきょりは□km です。

❷ 20 秒で 8m 進むとき、1 秒あたりに進むきょりは□m です。

ポイント
速さや道のりは、次の公式で求められます。
速さ＝道のり÷時間
道のり＝速さ×時間

3 □にあてはまる数を書きましょう。 1つ15〔60点〕

❶ 3 時間で 18km 進むときの速さは、時速□km です。

❷ 時速 85km で 3 時間走ると、□km 進みます。

❸ 40 秒で 100m 進むときの速さは、秒速□m です。

この速さで進むとき、2 分 30 秒で□m 進みます。

答えは
71ページ

月　　日

11 速さ
速さや道のりを求める計算

／100点

1 次の㋐、㋑のうち、速いほうの記号を書きましょう。 1つ10〔20点〕

❶ ㋐ 11km を 55 分で走る。
　 ㋑ 22km を 2 時間で走る。　（　　　）

❷ ㋐ 145km を 2 時間で走る。
　 ㋑ 48km を 40 分で走る。　（　　　）

2 □にあてはまる数を書きましょう。 1つ10〔20点〕

❶ 50 秒で 240m 進むとき、1 秒あたりに進むきょりは □ m です。

❷ 1 時間 30 分で 7.5km 進むとき、1 時間あたりに進むきょりは □ km です。

3 □にあてはまる数を書きましょう。 1つ12〔60点〕

❶ 24 分で 1.8km 進むときの速さは、分速 □ m です。

❷ 5 分 20 秒で 800m 進むときの速さは、秒速 □ m です。

❸ 分速 180m で 3 時間 20 分走ると、□ km 進みます。

❹ 20 秒で 250m 進むときの速さは、分速 □ m です。

この速さで進むとき、4 時間 40 分で □ km 進みます。

答えは
71ページ

月　日

11 速さ
時間を求める計算、速さの単位

／100点

1 □にあてはまる数を書きましょう。　1つ10〔20点〕

❶ 分速0.2kmで、6km進むのにかかる時間は□分です。

❷ 時速40kmで、96km進むのにかかる時間は□時間です。

ポイント
時間は、次の公式で求められます。
時間＝道のり÷速さ

2 □にあてはまる数を書きましょう。　1つ10〔40点〕

❶ 8分で600m歩くときの速さは分速□mで、その速さで2.1km歩くのにかかる時間は□分です。

❷ 3時間で135km走るときの速さは時速□kmで、その速さで216km走るのにかかる時間は□時間です。

3 □にあてはまる数を書きましょう。　1つ10〔40点〕

❶ 時速90kmは、分速□kmと同じ速さです。

❷ 分速150mは、秒速□mと同じ速さです。

❸ 時速36kmは、秒速□mと同じ速さです。

❹ 分速1.2kmは、時速□kmと同じ速さです。

答えは
71ページ

月　日

11 速さ
時間を求める計算、速さの単位

／100点

1 □にあてはまる数を書きましょう。 1つ10〔20点〕

❶ 秒速1.5mで、75m進むのにかかる時間は□秒です。

❷ 時速32kmで、80km進むのにかかる時間は□時間です。

2 □にあてはまる数を書きましょう。 1つ10〔40点〕

❶ 14秒で210m進むときの速さは秒速□mで、その速さで480m進むのにかかる時間は□秒です。

❷ 4時間で150km走るときの速さは時速□kmで、その速さで180km走るのにかかる時間は□時間です。

3 □にあてはまる数を書きましょう。 1つ10〔40点〕

❶ 時速7.2kmは、分速□mと同じ速さです。

❷ 秒速3mは、時速□kmと同じ速さです。

❸ 秒速8mで5分走ると、□km進みます。

❹ 秒速5mで、90km進むのにかかる時間は□時間です。

答えは
71ページ

月　　日

12 図形の面積
四角形・三角形の面積

／100点

1 次の図形の面積を求めましょう。　　1つ20〔80点〕

❶ 平行四辺形

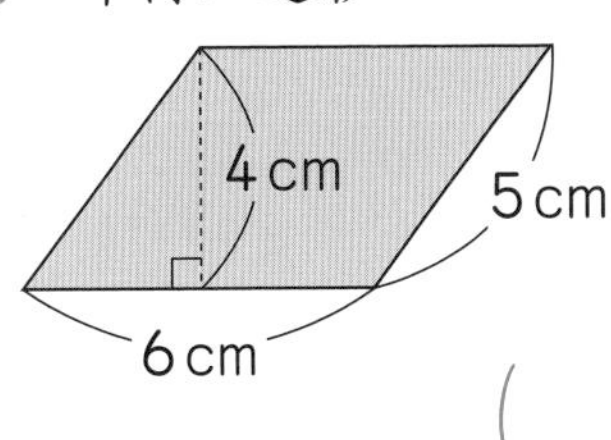

（　　　　）

ポイント
❶ 平行四辺形の面積
＝底辺×高さ
❷ 三角形の面積
＝底辺×高さ÷2
❸ 台形の面積
＝(上底＋下底)×高さ÷2
❹ ひし形の面積
＝一方の対角線
×もう一方の対角線÷2

❷

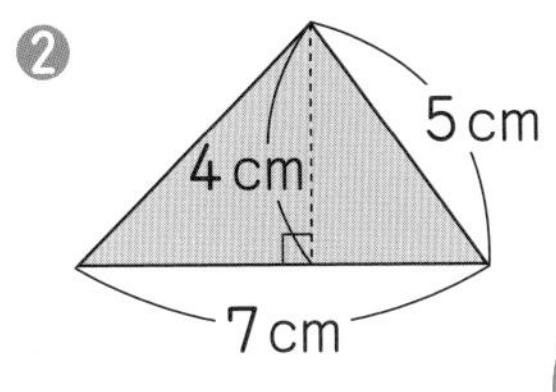

（　　　　）

❸ 台形

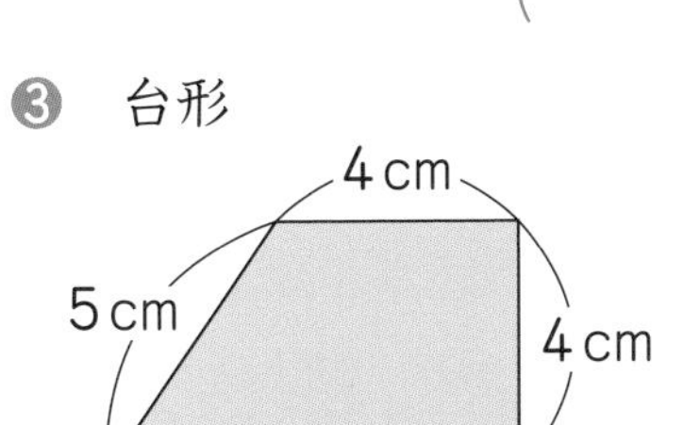

（　　　　）

❹ ひし形

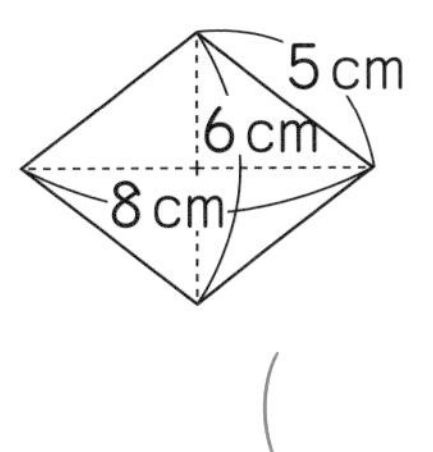

（　　　　）

2 次の図形の面積を求めましょう。　　〔20点〕

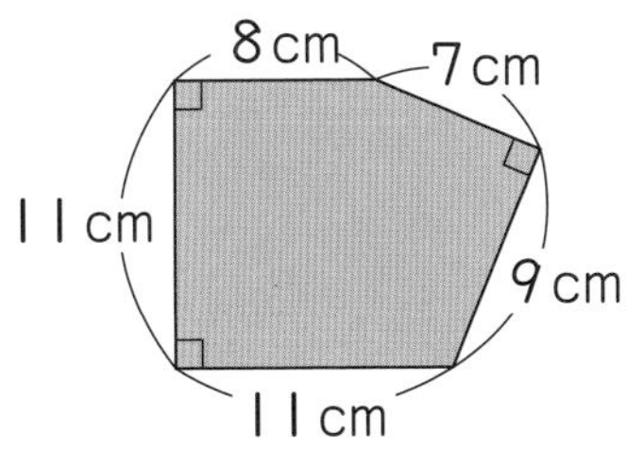

（　　　　）

答えは
71ページ

月　日

四角形・三角形の面積

／100点

1 次の図形の面積を求めましょう。　1つ15〔60点〕

❶ 平行四辺形

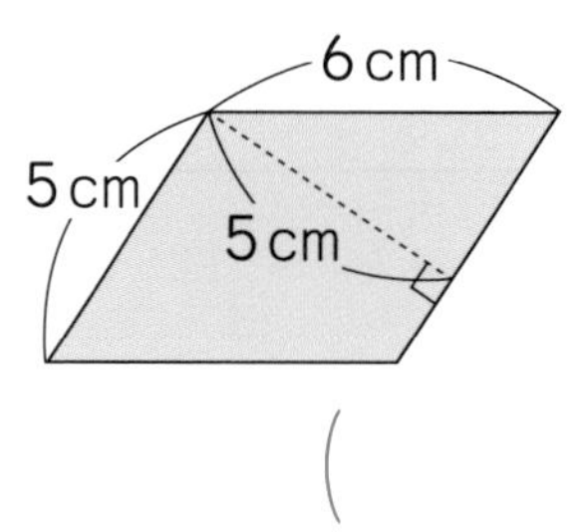

(　　　　)

❷

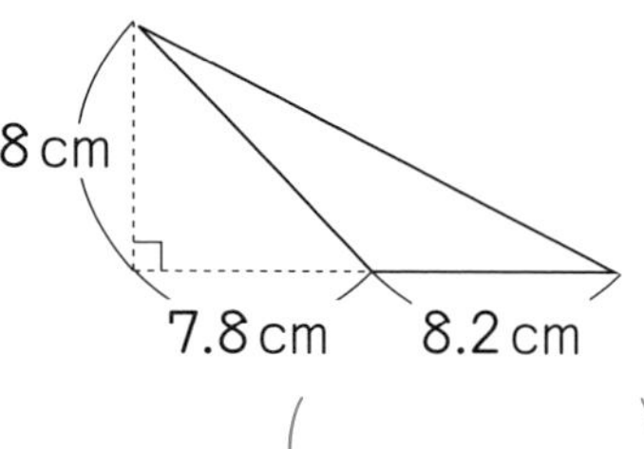

(　　　　)

❸

6.5cm
2cm
4.5cm
6cm

(　　　　)

❹

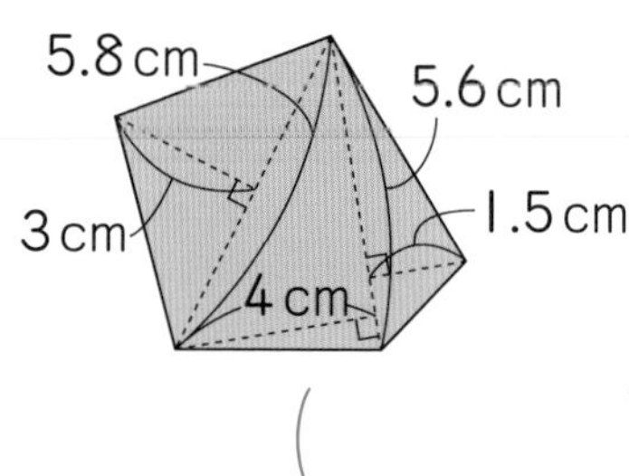

(　　　　)

2 次の図で、色をつけた部分の面積を求めましょう。　1つ20〔40点〕

❶

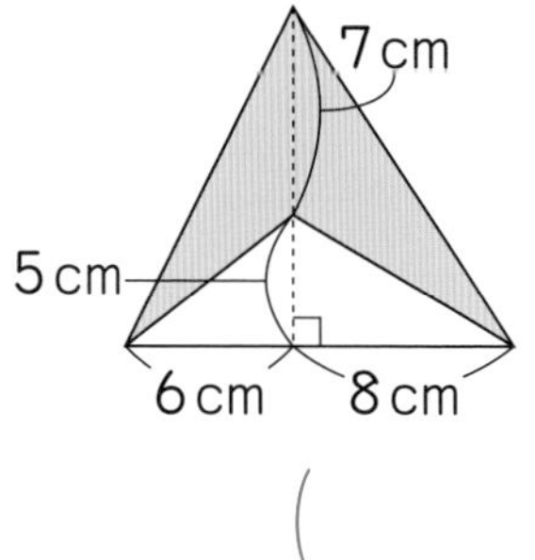

(　　　　)

❷

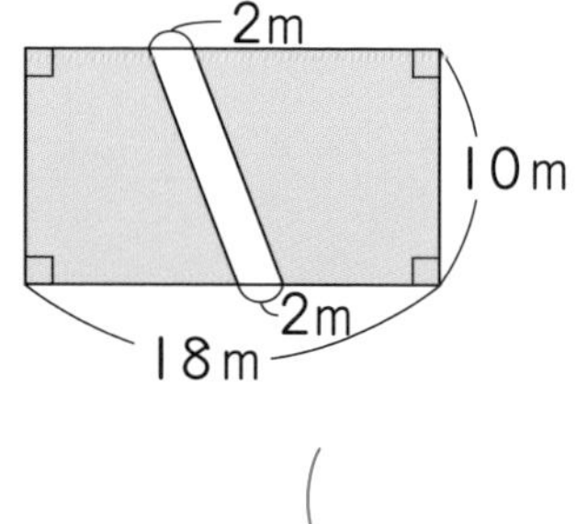

(　　　　)

答えは
71ページ

月　日

13 割合
割合・百分率・歩合

／100点

1 小数で表した割合(わりあい)を百分率(ひゃくぶんりつ)と歩合(ぶあい)で表しましょう。　1つ6〔60点〕

❶ 0.14

百分率（　　　）

歩　合（　　　）

ポイント

割合を表す0.01を1パーセントといい、**1%**と書き、パーセントで表した割合を**百分率**といいます。割合の0.1を**1割**、0.01を**1分**(ぶ)、0.001を**1厘**(りん)といいます。

❷ 0.368

百分率（　　　）

歩　合（　　　）

❸ 0.7

百分率（　　　）

歩　合（　　　）

❹ 0.03

百分率（　　　）

歩　合（　　　）

❺ 1.35

百分率（　　　）

歩　合（　　　）

2 百分率や歩合で表した割合を小数で表しましょう。　1つ5〔40点〕

❶ 28%（　　　）

❷ 140%（　　　）

❸ 83.4%（　　　）

❹ 0.6%（　　　）

❺ 6割7分（　　　）

❻ 12割（　　　）

❼ 3割4分8厘（　　　）

❽ 5分9厘（　　　）

答えは
71ページ

月　　日

13 割合
割合・百分率・歩合

／100点

1 □にあてはまる整数や小数を書きましょう。　1つ5〔20点〕

❶ 20人を1とみたとき、16人は□とみられます。

❷ 2.5mをもとにすると、5mの割合(わりあい)は□、1mの割合は□、1.6mの割合は□になります。

2 次のあいているところにあてはまる割合を、小数、分数や百分率(ひゃくぶんりつ)、歩合(ぶあい)で表しましょう。　1つ5〔60点〕

小　数	0.56	❶	❷	❸
分　数	❹	❺	❻	$\frac{73}{1000}$
百分率	❼	109％	❽	❾
歩　合	❿	⓫	6割2分(ぶ)5厘(りん)	⓬

3 □にあてはまる数を書きましょう。　1つ4〔20点〕

❶ 24人は、40人の□％で、600人の□％です。

❷ 12円は2400円の□％です。

❸ 108kmは45kmの□％です。

❹ 1.26kgは7.5kgの□％です。

答えは71ページ

月　　日

13 割合
比べられる量・もとにする量

／100点

1 □にあてはまる数を書きましょう。　1つ10〔50点〕

❶ 1200円の0.4倍は□円です。

❷ 160人の130％は□人です。

❸ 260gの86％は□gです。

❹ 4500Lの8％は□Lです。

❺ 9m²の6割（わり）5分（ぶ）は□m²です。

ヒント
★比（くら）べられる量は、次の式で求められます。
比べられる量
＝もとにする量×割合
❶ □＝1200×0.4
❷ □＝160×1.3

2 □にあてはまる数を書きましょう。　1つ10〔50点〕

❶ 690本は□本の0.23倍です。

❷ 48mは□mの64％です。

❸ 56Lは□Lの35％です。

❹ 140gは□gの1.25倍です。

❺ 180円は□円の3割6分です。

ヒント
★もとにする量を求めるときは、□を使って、比べられる量を求める式に表して考えます。
❶ □×0.23＝690
❷ □×0.64＝48

答えは72ページ

月　日

13 割合
比べられる量・もとにする量

／100点

1 □にあてはまる数を書きましょう。　1つ10〔60点〕

❶ 650人の0.24倍は□人です。

❷ 380人の1.25倍は□人です。

❸ 840gの165％は□gです。

❹ 7500mの48.6％は□mです。

❺ 1.6Lの7割(わり)5分(ぶ)は□Lです。

❻ 1400円の13割4分は□円です。

2 □にあてはまる数を書きましょう。　1つ8〔40点〕

❶ 520円は□円の1.6倍です。

❷ 7.7kgは□kgの0.28倍です。

❸ 900人は□人の72％です。

❹ 6300円は□円の175％です。

❺ 0.72Lは□Lの4割5分です。

答えは
72ページ

月　日

14 円
円周の長さ

／100点

1 次の長さを求めましょう。　1つ10〔40点〕

❶ 直径 5cm の円の円周

(　　　　)

❷ 半径 12cm の円の円周

(　　　　)

ヒント
★ 円周率（えんしゅうりつ）は約 3.14 です。
❶ 円周＝直径×3.14(円周率)
❷ 円周＝半径×2×3.14
❸ 直径＝円周÷3.14
❹ 半径＝円周÷3.14÷2

❸ 円周が 31.4cm の円の直径

(　　　　)

❹ 円周が 47.1cm の円の半径

(　　　　)

2 色をつけた部分のまわりの長さを求めましょう。　1つ15〔60点〕

❶

15cm

(　　　　)

❷

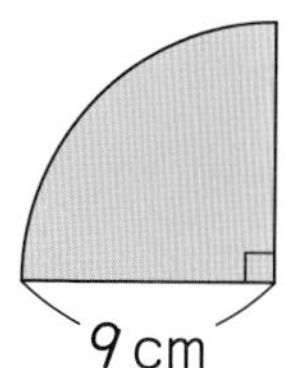

9cm

(　　　　)

❸

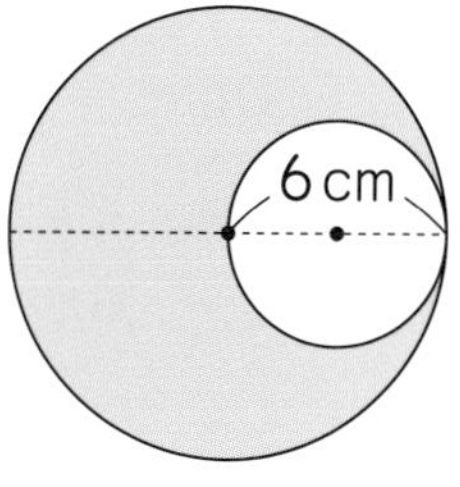

(　　　　)

❹

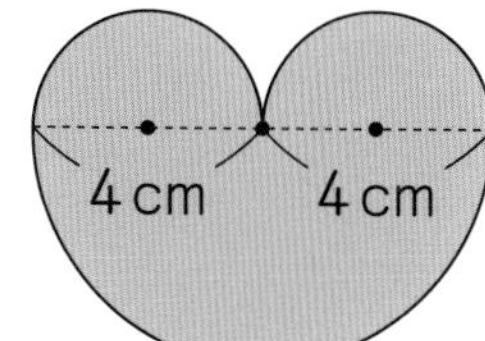

(　　　　)

答えは
72ページ

月　　日

14 円
円周の長さ

／100点

1 次の長さを求めましょう。　1つ10〔60点〕

❶ 直径28cmの円の円周
（　　　　）

❷ 直径3.5cmの円の円周
（　　　　）

❸ 半径8cmの円の円周
（　　　　）

❹ 半径6.2cmの円の円周
（　　　　）

❺ 円周が78.5cmの円の直径
（　　　　）

❻ 円周が81.64cmの円の半径
（　　　　）

2 色をつけた部分のまわりの長さを求めましょう。　1つ10〔40点〕

❶

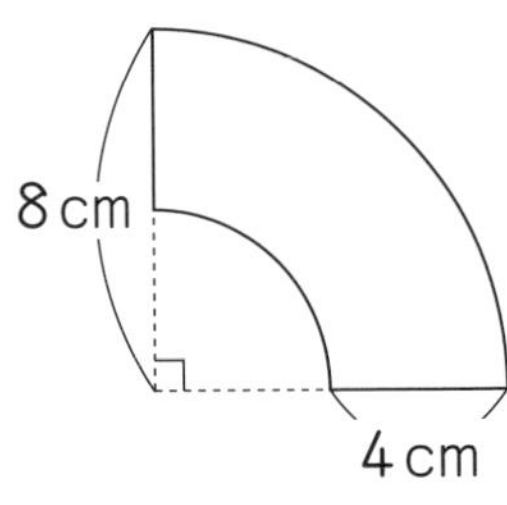

（　　　　）

❷

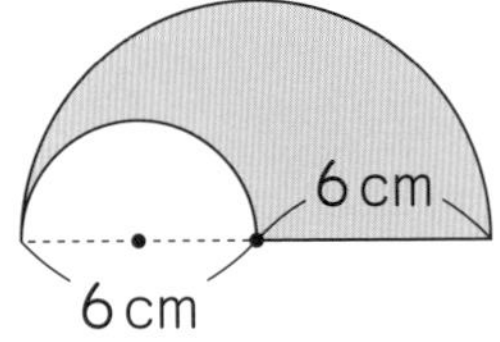

（　　　　）

❸ 四角形ABCD（エービーシーディー）は正方形

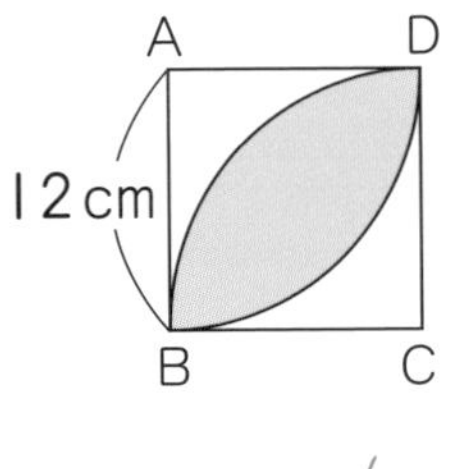

（　　　　）

❹ 四角形ABCDは長方形

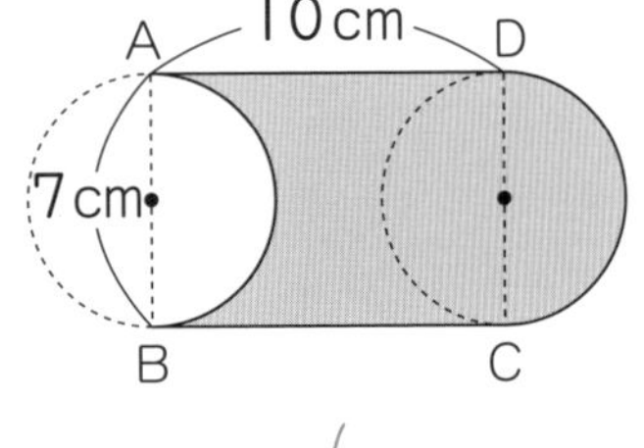

（　　　　）

答えは
72ページ

月　日

力だめし ①

／100点

1 (　　)の中の数の公倍数を小さい順に3つ求めましょう。また、最小公倍数を求めましょう。　1つ5〔20点〕

❶ (7、9)

公倍数(　　　　)

最小公倍数(　　　　)

❷ (8、12、32)

公倍数(　　　　)

最小公倍数(　　　　)

2 (　　)の中の数の公約数をぜんぶ求めましょう。また、最大公約数を求めましょう。　1つ5〔20点〕

❶ (18、30)

公約数(　　　　)

最大公約数(　　　　)

❷ (16、24、40)

公約数(　　　　)

最大公約数(　　　　)

3 計算をしましょう。　1つ8〔40点〕

❶ 5×4.8

❷ 72×0.8

❸ $\begin{array}{r} 8.7 \\ \times\ 9.3 \\ \hline \end{array}$

❹ $\begin{array}{r} 62.5 \\ \times\ 3.6 \\ \hline \end{array}$

❺ $\begin{array}{r} 0.78 \\ \times\ 4.06 \\ \hline \end{array}$

4 くふうして計算しましょう。　1つ10〔20点〕

❶ $6.5\times2.5\times0.4$

❷ $4.3\times4.8+3.7\times4.8$

答えは
72ページ

月　日

力だめし ②

／100点

1 わりきれるまで計算しましょう。　1つ6〔30点〕

❶ 78÷2.6

❷ 1620÷1.8

❸ 0.8)4.6

❹ 2.5)0.92

❺ 1.68)8.316

2 次のわり算で、商は四捨五入して、❶、❷は上から2けた、❸は上から3けたのがい数で求めましょう。　1つ10〔30点〕

❶ 4.7)6.2

❷ 5.9)8.57

❸ 0.84)3.14

3 商は一の位まで求めて、あまりもだしましょう。　1つ10〔40点〕

❶ 3.7)24.2

❷ 1.8)7.28

❸ 0.39)4.773

❹ 0.87)69.4

答えは
72ページ

月　日

力だめし ③

／100点

1 計算をしましょう。　1つ7〔56点〕

❶ $\frac{3}{4}+\frac{1}{8}$

❷ $\frac{5}{8}+\frac{5}{12}$

❸ $2\frac{5}{6}+\frac{3}{10}$

❹ $\frac{6}{7}-\frac{1}{3}$

❺ $\frac{2}{15}-\frac{1}{20}$

❻ $2\frac{7}{9}-\frac{5}{12}$

❼ $2\frac{1}{2}+\frac{3}{8}-1\frac{3}{4}$

❽ $1\frac{9}{10}-\frac{2}{5}+2\frac{3}{4}$

2 分数は小数に、小数は分数で表しましょう。　1つ8〔16点〕

❶ 0.54　(　　　　)

❷ $1\frac{13}{25}$　(　　　　)

3 □にあてはまる数を書きましょう。　1つ7〔28点〕

❶ 秒速 20 m は、分速 □ km と同じ速さです。

❷ 120 km を 80 分で走るときの速さは時速 □ km です。

❸ 分速 400 m で 2 時間 15 分走ると、□ km 進みます。

❹ 秒速 6 m で、108 km 進むのにかかる時間は □ 時間です。

答えは
72ページ

月　日

力だめし ④

／100点

1 □にあてはまる数を書きましょう。 1つ10〔20点〕

❶ 45kg は 62.5kg の □ %です。

❷ 1.8L の 42.5%は □ Lです。

2 次の図のあ、いの角度を求めましょう。 1つ10〔20点〕

❶

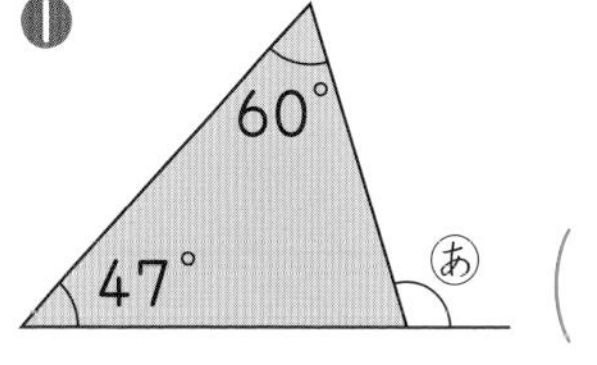

（　　　）

❷

125°
105°
123°
120°
い

い（　　　）

3 次の図形の面積を求めましょう。 1つ10〔30点〕

❶ 台形

（　　　）

❷ ひし形

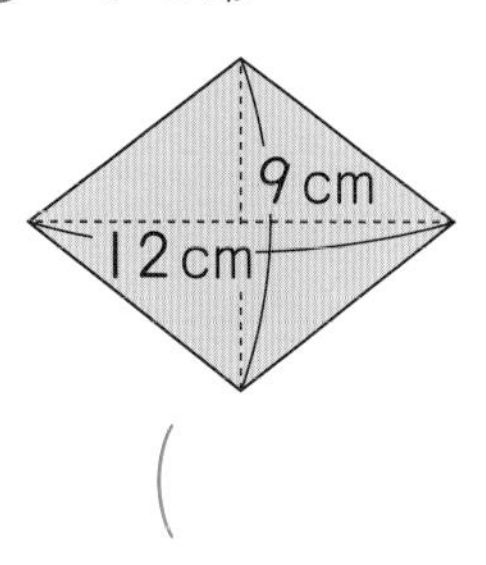

（　　　）

❸ 正方形

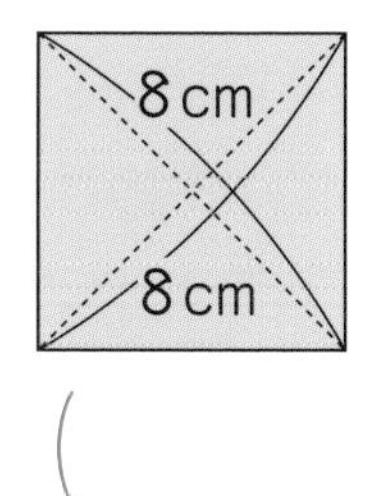

（　　　）

4 次の立体の体積を求めましょう。 1つ10〔30点〕

❶

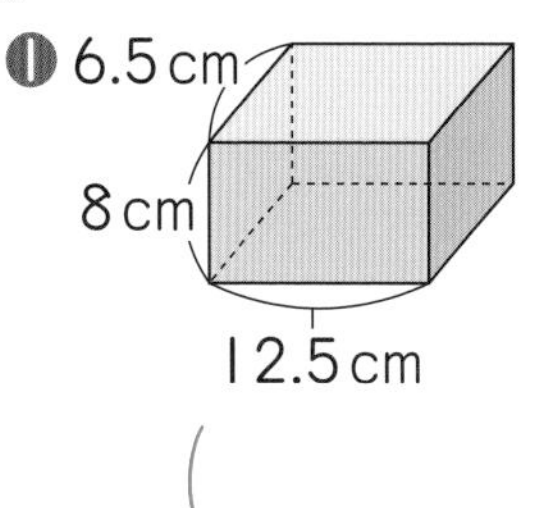

（　　　）

❷

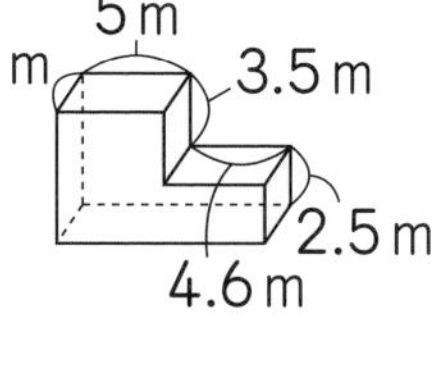

（　　　）

❸

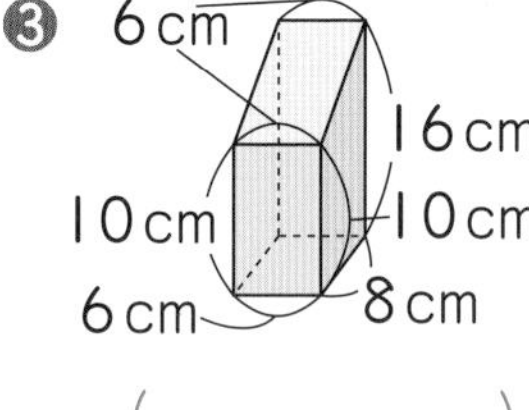

（　　　）

答えは
72ページ

1 3・4ページ

1 ❶ 2、9、7、5 ❷ 5
❸ 2975

2 860、86、0.86、0.086

★ ★ ★

1 (順に) ❶ 3、0、7、5
❷ 1、0.1、0.01、0.001

2 0、0.02、0.027、0.07、0.072、0.2、0.7

3 ❶ 251.6 ❷ 2516
❸ 2.516 ❹ 0.2516

4 ❶ 100倍 ❷ $\frac{1}{10}$

5 ❶ 4.8 ❷ 612
❸ 93400 ❹ 0.085
❺ 0.0473 ❻ 0.1796

2 5・6ページ

1 ❶ 24個 ❷ 24 cm^3

2 ❶ 2000 cm^3 ❷ 729 cm^3

3 ❶ 430 cm^3 ❷ 2048 cm^3

★ ★ ★

1 ❶ 50000 cm^3 (0.05 m^3)
❷ 3375 cm^3
❸ 4096 cm^3
❹ 540000 cm^3 (0.54 m^3)

2 ❶ 330 cm^3 ❷ 1164 cm^3
❸ 105000 cm^3 (0.105 m^3)

3 8 cm

3 7・8ページ

1 ❶ 1000、1 ❷ 1000、1

2 ❶ 36 m^3 ❷ 64 m^3

3 ❶ 480 cm^3 ❷ 45 L
❸ 84 m^3 ❹ 24000 L

★ ★ ★

1 ❶ 7000 ❷ 3.6 ❸ 400
❹ 2.3 ❺ 900

2 ❶ 400 m^3 ❷ 8000 L
❸ 296 m^3

3 ❶ 252 dL ❷ 1170 cm^3
❸ 700000 L

4 9・10ページ

1 (順に) ❶ 4、8、10
❷ 3、4、21、10

2 ❶ (順に) 18、30
❷ いえます。 ❸ 6
❹ □×6=○ (○÷□=6)

★ ★ ★

1 (順に) ❶ 6、12、12
❷ 25、6、125、16

2 ❶ 15 ❷ 5.6 ❸ 2500

3 ❶ □×4＝○
❷ 280×□＝○

5 11・12ページ

1 （順に） ❶ 10、10、540
❷ 100、100、18
❸ 16.2 ❹ 81

2 ❶ 1.2 ❷ 13.5 ❸ 14
❹ 36 ❺ 364 ❻ 19.6

3 ㋐、㋓

★ ★ ★

1 ❶ 0.8 ❷ 1360 ❸ 894
❹ 15.6 ❺ 406.7 ❻ 49.4
❼ 3626 ❽ 499.2

2 ❶ ㋑、㋒、㋕ ❷ ㋐、㋓、㋔

3 ❶ 9 ❷ 14.8 ❸ 72 ❹ 360

6 13・14ページ

1 ❶ 3.84 ❷ 14.95 ❸ 46.06
❹ 17.48 ❺ 38.48

2 ❶ 16.8 ❷ 0.78 ❸ 46.2
❹ 1.62 ❺ 0.6

3 ❶ 65.96 ❷ 36.4

★ ★ ★

1 ❶ 54.28 ❷ 7.3152
❸ 4.7502 ❹ 5.34
❺ 4.8626 ❻ 0.3792
❼ 7.452 ❽ 492.47

2 ❶ 2.03 ❷ 4.08
❸ 36 ❹ 98.55
❺ 23.78 ❻ 81.18

7 15・16ページ

1 ❶ 5.9 ❷ 2.5
❸ 7.9 ❹ 1.7

2 ❶ 8.1 ❷ 29.6 ❸ 39.5
❹ 3.4 ❺ 3.8 ❻ 4
❼ 84 ❽ 59.4

★ ★ ★

1 （順に） ❶ 0.4、1、8.9
❷ 3.4、8、44

2 ❶ 114 ❷ 92 ❸ 3.4
❹ 4.64 ❺ 7 ❻ 12 ❼ 23
❽ 5.2 ❾ 153 ❿ 245

8 17・18ページ

1 （順に） 840、12、70

2 ❶ 5 ❷ 40 ❸ 180
❹ 80 ❺ 40 ❻ 60
❼ 70 ❽ 80 ❾ 25
❿ 64

3 ㋑、㋓

★ ★ ★

1 ❶ 70 ❷ 45 ❸ 1500
❹ 2300 ❺ 400 ❻ 780
❼ 900 ❽ 75

2 ❶ ㋐、㋓、㋔
❷ ㋑、㋒、㋕

3 ❶ 44 ❷ 50 ❸ 720
❹ 46

9 19・20ページ

1 （順に） ❶ 78、13、6
❷ 832、26、32

2 ❶ 6 ❷ 3 ❸ 8 ❹ 3
❺ 0.5 ❻ 4 ❼ 1.4
❽ 17 ❾ 43 ❿ 13

3 ❶ 16 ❷ 160 ❸ 16

★★★

1 ❶ 7 ❷ 6 ❸ 13
❹ 0.8 ❺ 1.8 ❻ 3.5
❼ 15 ❽ 22 ❾ 24
❿ 43

2 ❶ 25 ❷ 250 ❸ 25
❹ 250

3 ❶ 37 ❷ 3.7 ❸ 37

10 21・22ページ

1 ❶ 3 ❷ 1.6 ❸ 6
❹ 1.7 ❺ 4.7

2 ❶ 6.5 ❷ 1.85 ❸ 2.6
❹ 7.8 ❺ 0.85

★★★

1 ❶ 0.75 ❷ 4.5 ❸ 3.6
❹ 1.5 ❺ 2.5

2 ❶ 350 ❷ 4.8 ❸ 3.1
❹ 0.95 ❺ 1.25 ❻ 0.64

11 23・24ページ

1 ❶ 1.5 ❷ 1.5、15.9

2 ❶ 2 あまり 3.1
❷ 4 あまり 1.45
❸ 14 あまり 1.8
❹ 15 あまり 0.2
$0.6 \times 15 + 0.2 = 9.2$
❺ 6 あまり 0.08
$1.37 \times 6 + 0.08 = 8.3$

★★★

1 ❶ 2 あまり 0.8
$3.8 \times 2 + 0.8 = 8.4$
❷ 6 あまり 2.7
$5.5 \times 6 + 2.7 = 35.7$
❸ 8 あまり 6.4
$7.4 \times 8 + 6.4 = 65.6$

2 ❶ 1.6 あまり 0.18
$3.2 \times 1.6 + 0.18 = 5.3$
❷ 0.7 あまり 0.07
$2.6 \times 0.7 + 0.07 = 1.89$
❸ 8.8 あまり 0.4
$4.5 \times 8.8 + 0.4 = 40$

3 ㋑、㋒、㋔

12 25・26ページ

1 ❶ 上から3けための数
❷
```
          2
       9.1̸6̸
    ──────
0.6 ) 5.5
      54
     ────
       10
        6
      ────
       40
       36
      ────
        4
```
❸ 6
❹ 9.2

2 ❶ 3.5 ❷ 0.24 ❸ 3.78
❹ 1.8 ❺ 2.7 ❻ 3.1

★★★

1 ❶ 2.3 ❷ 12 ❸ 0.29
❹ 0.076 ❺ 0.88 ❻ 8.2

2 ❶ 20、19 ❷ 50、53
❸ 10、9.5 ❹ 9、9.8

13 27・28ページ

1 ❶ 70° ❷ 70° ❸ 20° ❹ 75°

2 ❶ 540°　❷ 720°

★ ★ ★

1 ❶ 83°　❷ 120°　❸ 82°

2 ❶ ㋐75°　㋑135°

❷ ㋒135°　㋓165°　㋔120°

3 ❶ 70°　❷ 120°　❸ 72°

❹ 80°

14　29・30ページ

1 (順に)　❶ 2、4、6、8、10、12、14、16、18、20

❷ 3、6、9、12、15、18

2 ❶ ㋐公倍数　㋑3

㋒最小公倍数

❷ 6、12、18　❸ 6

★ ★ ★

1 9、45、63

2 ❶ 6、12、18、24

❷ 8、16、24、32

❸ 10、20、30、40

❹ 12、24、36、48

3 ❶ 14、28、42

❷ 36、72、108

❸ 30、60、90

❹ 24、48、72

4 ❶ 12　❷ 56　❸ 84

❹ 60　❺ 72　❻ 108

15　31・32ページ

1 (順に)　❶ 1、2、4、8、16

❷ 1、2、3、4、6、8、12、24

2 ❶ ㋐公約数　㋑24

㋒最大公約数

❷ 1、2、4、8　❸ 8

★ ★ ★

1 ❶ 1、5　❷ 1、2、4、8

❸ 1、2、4、7、14、28

❹ 1、2、4、8、16、32

2 ❶ 1、3　❷ 1、2、4

❸ 1、3、9

❹ 1、2、3、6

3 ❶ 3　❷ 4　❸ 6　❹ 16

4 ❶ 3　❷ 4　❸ 8　❹ 12

16　33・34ページ

1 (順に)　❶ 10、18

❷ 4、3　❸ 9、1

2 ❶ 27、9、3　❷ 18

3 ❶ $\frac{9}{12}$、$\frac{8}{12}$　❷ $\frac{3}{18}$、$\frac{8}{18}$

❸ $\frac{9}{24}$、$\frac{20}{24}$

★ ★ ★

1 $\frac{4}{6}$、$\frac{6}{9}$、$\frac{8}{12}$、$\frac{10}{15}$、$\frac{12}{18}$

2 ❶ $\frac{1}{3}$　❷ $\frac{3}{5}$　❸ $\frac{2}{5}$　❹ $\frac{1}{4}$

3 ❶ $\frac{21}{28}$、$\frac{16}{28}$　❷ $\frac{20}{36}$、$\frac{21}{36}$

❸ $\frac{8}{12}$、$\frac{9}{12}$、$\frac{5}{12}$　❹ $\frac{48}{60}$、$\frac{5}{60}$、$\frac{9}{60}$

4 ❶ $\frac{2}{3}$、$\frac{7}{9}$、$\frac{5}{6}$　❷ $\frac{5}{6}$、$\frac{7}{8}$、$\frac{11}{12}$

17　35・36ページ

1 (順に)　4、12、7

2 ❶ $\frac{5}{6}$　❷ $\frac{5}{8}$　❸ $\frac{9}{10}$　❹ $\frac{11}{12}$

3 (順に)　25、30、28、15

4 ❶ $\frac{3}{4}$　❷ $\frac{5}{9}$　❸ $\frac{11}{12}$

❹ $\frac{13}{15}$　❺ $\frac{5}{6}$　❻ $\frac{17}{21}$

★ ★ ★

1 ❶ $\frac{11}{15}$　❷ $\frac{9}{16}$　❸ $\frac{29}{35}$

❹ $\frac{17}{18}$　❺ $\frac{29}{30}$　❻ $\frac{27}{28}$

2 ❶ $\frac{43}{32}\left(1\frac{11}{32}\right)$　❷ $\frac{3}{2}\left(1\frac{1}{2}\right)$

❸ $\frac{23}{20}\left(1\frac{3}{20}\right)$　❹ $\frac{55}{48}\left(1\frac{7}{48}\right)$

❺ $\frac{5}{3}\left(1\frac{2}{3}\right)$　❻ $\frac{29}{24}\left(1\frac{5}{24}\right)$

❼ $\frac{69}{56}\left(1\frac{13}{56}\right)$　❽ $\frac{53}{36}\left(1\frac{17}{36}\right)$

❾ $\frac{7}{6}\left(1\frac{1}{6}\right)$　❿ $\frac{25}{14}\left(1\frac{11}{14}\right)$

18　37・38ページ

1 (順に)　3、6、1

2 ❶ $\frac{5}{18}$　❷ $\frac{1}{6}$　❸ $\frac{11}{24}$

❹ $\frac{5}{21}$

3 (順に)　30、9、16、15

4 ❶ $\frac{1}{4}$　❷ $\frac{1}{2}$　❸ $\frac{13}{20}$

❹ $\frac{1}{15}$　❺ $\frac{1}{14}$　❻ $\frac{4}{15}$

★ ★ ★

1 ❶ $\frac{1}{8}$　❷ $\frac{11}{35}$　❸ $\frac{1}{30}$

❹ $\frac{5}{72}$　❺ $\frac{17}{24}$　❻ $\frac{4}{45}$

2 ❶ $\frac{1}{5}$　❷ $\frac{1}{3}$　❸ $\frac{4}{15}$

❹ $\frac{13}{30}$　❺ $\frac{31}{36}$　❻ $\frac{25}{48}$

❼ $\frac{21}{20}\left(1\frac{1}{20}\right)$　❽ $\frac{16}{21}$

❾ $\frac{17}{10}\left(1\frac{7}{10}\right)$　❿ $\frac{5}{12}$

19　39・40ページ

1 (順に)　㋐ 4、15、16、45、61、5、1

㋑ 4、9、13、1

2 ❶ $4\frac{3}{20}\left(\frac{83}{20}\right)$　❷ $6\frac{9}{35}\left(\frac{219}{35}\right)$

❸ $4\frac{1}{2}\left(\frac{9}{2}\right)$　❹ $6\frac{1}{6}\left(\frac{37}{6}\right)$

★ ★ ★

1 ❶ $1\frac{11}{18}\left(\frac{29}{18}\right)$　❷ $4\frac{1}{21}\left(\frac{85}{21}\right)$

❸ $6\frac{1}{6}\left(\frac{37}{6}\right)$　❹ $5\frac{5}{12}\left(\frac{65}{12}\right)$

❺ $3\frac{5}{9}\left(\frac{32}{9}\right)$　❻ $5\frac{1}{6}\left(\frac{31}{6}\right)$

2 ❶ $4\frac{5}{24}\left(\frac{101}{24}\right)$　❷ $4\frac{1}{36}\left(\frac{145}{36}\right)$

❸ $3\frac{17}{21}\left(\frac{80}{21}\right)$　❹ $4\frac{2}{15}\left(\frac{62}{15}\right)$

❺ $6\frac{1}{4}\left(\frac{25}{4}\right)$　❻ $3\frac{19}{20}\left(\frac{79}{20}\right)$

❼ $8\frac{9}{20}\left(\frac{169}{20}\right)$　❽ $5\frac{5}{36}\left(\frac{185}{36}\right)$

❾ $5\frac{1}{14}\left(\frac{71}{14}\right)$　❿ $6\frac{11}{15}\left(\frac{101}{15}\right)$

20 41・42ページ

1 (順に) ㋐ 37、11、74、33、41、2、5
㋑ 2、15、20、15、5

2 ❶ $1\frac{23}{28}\left(\frac{51}{28}\right)$ ❷ $1\frac{9}{10}\left(\frac{19}{10}\right)$
❸ $2\frac{7}{10}\left(\frac{27}{10}\right)$ ❹ $1\frac{23}{36}\left(\frac{59}{36}\right)$

★ ★ ★

1 ❶ $1\frac{7}{18}\left(\frac{25}{18}\right)$ ❷ $1\frac{12}{35}\left(\frac{47}{35}\right)$
❸ $1\frac{7}{15}\left(\frac{22}{15}\right)$ ❹ $1\frac{11}{48}\left(\frac{59}{48}\right)$
❺ $1\frac{5}{9}\left(\frac{14}{9}\right)$ ❻ $1\frac{5}{12}\left(\frac{17}{12}\right)$

2 ❶ $1\frac{14}{15}\left(\frac{29}{15}\right)$ ❷ $2\frac{29}{40}\left(\frac{109}{40}\right)$
❸ $1\frac{8}{21}\left(\frac{29}{21}\right)$ ❹ $2\frac{43}{72}\left(\frac{187}{72}\right)$
❺ $2\frac{5}{6}\left(\frac{17}{6}\right)$ ❻ $2\frac{3}{4}\left(\frac{11}{4}\right)$
❼ $1\frac{37}{48}\left(\frac{85}{48}\right)$ ❽ $1\frac{17}{30}\left(\frac{47}{30}\right)$
❾ $1\frac{7}{20}\left(\frac{27}{20}\right)$ ❿ $3\frac{13}{14}\left(\frac{55}{14}\right)$

21 43・44ページ

1 (順に) ❶ 12、4、12、13、1、1
❷ 15、18、3、2、1

2 ❶ $\frac{15}{8}\left(1\frac{7}{8}\right)$ ❷ $\frac{1}{18}$
❸ $\frac{13}{12}\left(1\frac{1}{12}\right)$ ❹ $\frac{17}{20}$
❺ $\frac{19}{24}$ ❻ $\frac{11}{18}$

★ ★ ★

1 ❶ $\frac{49}{60}$ ❷ $\frac{41}{48}$
❸ $\frac{13}{48}$ ❹ $\frac{11}{36}$
❺ $\frac{1}{4}$ ❻ $\frac{11}{8}\left(1\frac{3}{8}\right)$
❼ $\frac{9}{8}\left(1\frac{1}{8}\right)$ ❽ $\frac{95}{72}\left(1\frac{23}{72}\right)$

2 ❶ $5\frac{7}{12}\left(\frac{67}{12}\right)$ ❷ $1\frac{28}{45}\left(\frac{73}{45}\right)$
❸ $1\frac{7}{8}\left(\frac{15}{8}\right)$ ❹ $4\frac{3}{20}\left(\frac{83}{20}\right)$

22 45・46ページ

1 ❶ $\frac{2}{7}$ ❷ $\frac{2}{3}$ ❸ $\frac{5}{4}\left(1\frac{1}{4}\right)$

2 ❶ 0.25 ❷ 1.8

3 ❶ 0.67 ❷ 2.14

4 ❶ $\frac{3}{10}$ ❷ $\frac{12}{5}\left(2\frac{2}{5}\right)$
❸ $\frac{3}{50}$ ❹ $\frac{29}{20}\left(1\frac{9}{20}\right)$

5 ❶ 0.76 ❷ $\frac{4}{3}$

★ ★ ★

1 ❶ 0.4 ❷ 0.56
❸ 28 ❹ 0.375

2 ❶ 0.29 ❷ 0.83
❸ 1.56 ❹ 1.31

3 ❶ $\frac{7}{10}$ ❷ $\frac{8}{25}$

❸ $\frac{81}{125}$　❹ $\frac{19}{10}\left(1\frac{9}{10}\right)$

❺ $\frac{11}{4}\left(2\frac{3}{4}\right)$　❻ $\frac{5}{1}$

❼ $\frac{106}{25}\left(4\frac{6}{25}\right)$　❽ $\frac{25}{8}\left(3\frac{1}{8}\right)$

4 ❶ $\frac{5}{3}$、1.7、$\frac{7}{4}$、1.8

❷ $\frac{5}{6}$、0.85、0.87、$\frac{7}{8}$

23

47・48ページ

1 ❶ 10dL　❷ 29.8kg

2 ❶ 0.5、2

❷ 12.5、0.08

❸ 645、523

★ ★ ★

1 ❶ 744、9300

❷ 42.5　❸ 87

2 ❶ 192、360　❷ 255、408

❸ 5.32

24

49・50ページ

1 ❶ ㋑　❷ ㋐

2 ❶ 3　❷ 0.4

3 ❶ 6　❷ 255　❸ 2.5、375

★ ★ ★

1 ❶ ㋐　❷ ㋐

2 ❶ 4.8　❷ 5

3 ❶ 75　❷ 2.5

❸ 36　❹ 750、210

25

51・52ページ

1 ❶ 30　❷ 2.4

2 ❶ 75、28　❷ 45、4.8

3 ❶ 1.5　❷ 2.5

❸ 10　❹ 72

★ ★ ★

1 ❶ 50　❷ 2.5

2 ❶ 15、32　❷ 37.5、4.8

3 ❶ 120　❷ 10.8　❸ 2.4　❹ 5

26

53・54ページ

1 ❶ 24 cm^2　❷ 14 cm^2

❸ 22 cm^2　❹ 24 cm^2

2 136 cm^2

★ ★ ★

1 ❶ 25 cm^2　❷ 32.8 cm^2

❸ 19.5 cm^2　❹ 24.1 cm^2

2 ❶ 49 cm^2　❷ 160 m^2

27

55・56ページ

1 ❶ 14%　1割4分

❷ 36.8%　3割6分8厘

❸ 70%　7割

❹ 3%　3分

❺ 135%　13割5分

2 ❶ 0.28　❷ 1.4　❸ 0.834

❹ 0.006　❺ 0.67　❻ 1.2

❼ 0.348　❽ 0.059

★ ★ ★

1 ❶ 0.8　❷ 2、0.4、0.64

2 ❶ 1.09　❷ 0.625

❸ 0.073　❹ $\frac{14}{25}$

❺ $\frac{109}{100}\left(1\frac{9}{100}\right)$　❻ $\frac{5}{8}$

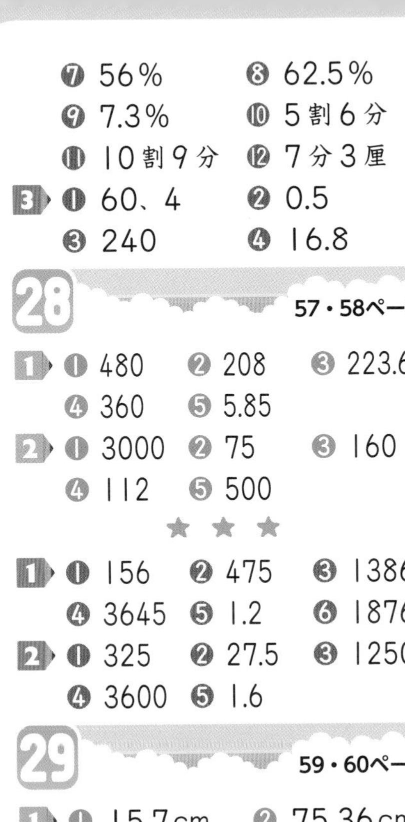

❼ 56%　❽ 62.5%
❾ 7.3%　❿ 5割6分
⓫ 10割9分　⓬ 7分3厘

3 ❶ 60、4　❷ 0.5
❸ 240　❹ 16.8

28　57・58ページ

1 ❶ 480　❷ 208　❸ 223.6
❹ 360　❺ 5.85

2 ❶ 3000　❷ 75　❸ 160
❹ 112　❺ 500

★ ★ ★

1 ❶ 156　❷ 475　❸ 1386
❹ 3645　❺ 1.2　❻ 1876

2 ❶ 325　❷ 27.5　❸ 1250
❹ 3600　❺ 1.6

29　59・60ページ

1 ❶ 15.7cm　❷ 75.36cm
❸ 10cm　❹ 7.5cm

2 ❶ 77.1cm　❷ 32.13cm
❸ 56.52cm　❹ 25.12cm

★ ★ ★

1 ❶ 87.92cm　❷ 10.99cm
❸ 50.24cm　❹ 38.936cm
❺ 25cm　❻ 13cm

2 ❶ 26.84cm　❷ 34.26cm
❸ 37.68cm　❹ 41.98cm

30　61ページ

1 ❶ 63、126、189　(最小)63
❷ 96、192、288　(最小)96

2 ❶ 1、2、3、6　(最大)6
❷ 1、2、4、8　(最大)8

3 ❶ 24　❷ 57.6
❸ 80.91　❹ 225　❺ 3.1668

4 ❶ 6.5　❷ 38.4

31　62ページ

1 ❶ 30　❷ 900　❸ 5.75
❹ 0.368　❺ 4.95

2 ❶ 1.3　❷ 1.5　❸ 3.74

3 ❶ 6あまり2
❷ 4あまり0.08
❸ 12あまり0.093
❹ 79あまり0.67

32　63ページ

1 ❶ $\frac{7}{8}$　❷ $\frac{25}{24}\left(1\frac{1}{24}\right)$
❸ $3\frac{2}{15}\left(\frac{47}{15}\right)$　❹ $\frac{11}{21}$
❺ $\frac{1}{12}$　❻ $2\frac{13}{36}\left(\frac{85}{36}\right)$
❼ $1\frac{1}{8}\left(\frac{9}{8}\right)$　❽ $4\frac{1}{4}\left(\frac{17}{4}\right)$

2 ❶ $\frac{27}{50}$　❷ 1.52

3 ❶ 1.2　❷ 90
❸ 54　❹ 5

33　64ページ

1 ❶ 72　❷ 0.765

2 ❶ 107°　❷ 67°

3 ❶ 72cm²　❷ 54cm²　❸ 32cm²

4 ❶ 650cm³　❷ 207.5m³
❸ 624cm³

3 2 1 0 9 8 7 6 5 4
＊ ＊ D C B A